A ARTE DA GUERRA CONTRA OS RAIOS

Osmar Pinto Jr

A Arte da Guerra Contra os Raios

CAPA Malu Vallim
IMAGEM CAPA foto de raio na estátua do Cristo, Rio de Janeiro (fonte: agência O Globo)
PROJETO GRÁFICO E DIAGRAMAÇÃO Malu Vallim
TRATAMENTO DAS ILUSTRAÇÕES Malu Vallim
REVISÃO Laura Martinez Moreira e Tatiana Costa

Dados Internacionais de Catalogação na Publicação (CIP)
(Câmara Brasileira do Livro, SP, Brasil)

Pinto Junior, Osmar
A arte da guerra contra os raios / Osmar Pinto Jr. . - - São Paulo : Oficina de Textos, 2005.

Bibliografia
ISBN 85-86238-40-6

1. Descargas elétricas - Detecção 2. Descargas elétricas - Proteção 3. Eletricidade atmosférica 4. Raios - Proteção 5. Relâmpagos 6. Sun - Tzu, séc. 6 a. C. Arte da guerra - Crítica e interpretação
I. Título

04 - 8808 CDD - 551.5632

Índices para catálogo sistemático:
1. Raios : Eletricidade atmosférica : Perturbações atmosféricas : Ciências da terra 551.5632
2. Descargas atmosféricas : Detecção : Eletricidade atmosférica : Ciências da terra 551.5632

Oficina de Textos
Travessa Dr. Ribeiro de Mendonça, 4
01420-040 São Paulo Brasil
fone (11) 3085 7933 fax (11) 3083 0849
site: www.ofitexto.com.br e-mail: ofitexto@ofitexto.com.br

Prefácio

Relâmpagos são descargas elétricas de grande extensão e alta intensidade que ocorrem na atmosfera. Conhecidos também como descargas atmosféricas, são comuns em nosso planeta. Estima-se que ocorram entre cinqüenta e cem relâmpagos por segundo na Terra, o que representa cerca de 2 bilhões de descargas por ano. A maior parte destas descargas fica restrita à atmosfera, não entrando em contato com o solo e, por conseqüência, produzindo efeitos somente sobre o meio ambiente. Embora tais efeitos sejam significativos para os seres humanos, eles não fazem parte do tema deste livro. Por outro lado os relâmpagos que se conectam com o solo, conhecidos como raios, apesar de representarem uma menor quantidade (cerca de 30% do total), são caracterizados pelo alto caráter destrutivo que possuem. Os raios são o tema deste livro. Na linguagem da "arte da guerra" eles são nossos inimigos. Sobre eles os conhecimentos milenares chineses de estratégia serão aplicados.

O Brasil, por causa de sua grande extensão territorial e a proximidade do equador geográfico, é um dos países de maior incidência de raios no mundo. Estima-se, com base em dados obtidos por sensores óticos a bordo de satélites na última década, que nosso País ostente o título de campeão mundial na ocorrência de raios em termos absolutos, com cerca de 50 a 70 milhões de incidências por ano em média. São dois raios por segundo, ou ainda cerca de sete raios por km^2 por ano. Tal fato traz consigo um enorme prejuízo a nossa sociedade, estimado anualmente em cerca de R$ 500 milhões. Diversos setores são afetados: telecomunicações, agricultura, aeronáutica, construção civil, indústria em geral e até o cidadão comum. O setor elétrico é de longe o mais atingido.

Por um lado este livro é fruto de uma vasta experiência obtida pelo autor ao longo dos últimos 25 anos, coordenando o Grupo de Eletricidade Atmosférica (ELAT) do Instituto Nacional de Pesquisas Espaciais (INPE). Por outro lado, é fruto da valiosa contribuição de muitos colegas do ELAT e de outras instituições, em particular de Furnas Centrais Elétricas S.A. e da Companhia Energética de Minas Gerias (CEMIG), e de minha família – em particular minha esposa, Iara, e meus filhos, Osmar e Iara, a quem dedico este livro. Também gostaria de agradecer o apoio financeiro dado por Furnas Centrais Elétricas S.A. para a edição deste livro e o suporte dado pelo INPE, a Fundação de Amparo à Pesquisa do Estado de São Paulo (FAPESP) e ao Conselho Nacional de Desenvolvimento Científico e Tecnológico (CNPq) às nossas pesquisas ao longo de todos esses anos. Maiores informações sobre o ELAT podem ser obtidas pela internet no endereço http://www.cea.inpe.br/elat.

São José dos Campos, novembro de 2004,
Osmar Pinto Junior

Paradoxalmente, é da beleza dos raios
que surge a inspiração para este livro.

Introdução

Relâmpagos existem desde os tempos remotos, muito antes da civilização humana ter surgido em nosso planeta. Nas civilizações primitivas, eles eram temidos como se fossem manifestações negativas dos deuses e, portanto, um inimigo divino. A partir do séc. XVIII, quando Benjamin Franklin descobriu que os relâmpagos são descargas elétricas que ocorrem na atmosfera – daí o termo descargas atmosféricas, passaram a ser vistos como uma manifestação da natureza e, portanto, inimigos possíveis de serem combatidos. Franklin foi o primeiro "estrategista" a sugerir uma técnica de defesa contra os relâmpagos que atingem o solo, conhecida como o pára-raios. Nos séculos que se seguiram, uma grande quantidade de informações sobre os raios foi sendo acumulada, contudo poucas novas técnicas foram sugeridas.

Atualmente, sabe-se que os relâmpagos ocorrem cerca de cem vezes por segundo em nosso planeta, o que equivale a cerca de 10 milhões por dia. Apesar da maior parte da superfície de nosso planeta estar coberta por água, menos de 10% do total de relâmpagos ocorrem nos oceanos. A incidência é maior na região tropical do planeta e no verão, em razão de um maior aquecimento solar, embora possam ocorrer em qualquer período do ano.

Dentre todas as técnicas inventadas após os pára-raios, a mais efetiva é de longe a técnica conhecida como sistema de detecção de descargas atmosféricas, desenvolvida a partir do início do séc. XX. Esse tipo de sistema existe no Brasil desde 1988, na época cobrindo parte do Estado de Minas Gerais. Em 2004, este sistema passou a cobrir uma grande parte de nosso território, passando a ser denominado Rede Integrada Nacional de Detecção de Descargas Atmosféricas (RINDAT).

Este livro tem como objetivo descrever em detalhes esta técnica e seu uso, para minimizar os prejuízos causados pelos raios ao nosso País. Tais prejuízos são estimados em R$ 500 milhões anualmente. Devido à maior complexidade desta técnica em relação ao pára-raio, contudo, seu uso requer um maior conhecimento sobre os raios e sobre estratégia. É com esse intuito que tais conhecimentos são descritos aqui. A base dos conhecimentos de estratégia é inspirada nos conceitos de um dos maiores clássicos chineses do pensamento sobre estratégia, o famoso livro *A arte da guerra*, de Sun Tzu.

Para que o leitor possa ter um domínio do tema, o livro é estruturado partindo de uma descrição das descargas atmosféricas (Cap. 1), seguida da descrição dos sistemas de detecção de descargas atmosféricas (Cap. 2), para só então abordar a RINDAT (Cap. 3) e suas aplicações (Cap. 4). Finalmente, no Cap. 5, são apresentadas as considerações finais.

Sumário

Descargas Atmosféricas 1

Relâmpagos, também conhecidos como descargas atmosféricas, são descargas elétricas de grande extensão (alguns quilômetros) e de grande intensidade (picos de intensidade de corrente acima de um quiloampère), que ocorrem devido ao acúmulo de cargas elétricas em regiões localizadas da atmosfera, em geral dentro de tempestades. A descarga inicia quando o campo elétrico produzido por essas cargas excede a capacidade isolante do ar, também conhecida como rigidez dielétrica, em um dado local na atmosfera, que pode ser dentro da nuvem ou próximo ao solo. Quebrada a rigidez, começa um rápido movimento de elétrons de uma região de cargas negativas para uma região de cargas positivas.

Existem diversos tipos de relâmpagos, classificados de acordo com o local onde se originam ou terminam, conforme ilustrado na Fig. 1.1. Ela também ilustra a estrutura elétrica básica de uma nuvem de tempestade, conhecida como estrutura tripolar, formada por três centros de carga: um positivo na parte superior, um negativo na parte intermediária e um positivo, em geral de menor intensidade, na parte inferior.

Relâmpagos podem ocorrer da nuvem para o solo e são denominados relâmpagos nuvem-solo; do solo para a nuvem, relâmpagos solo-nuvem; dentro da nuvem, relâmpagos intra-nuvem; da nuvem para um ponto qualquer na atmosfera, descargas no ar; ou ainda entre nuvens (representados na Fig. 1.1).

De todos os tipos de relâmpagos, os intranuvem são os mais freqüentes por dois motivos: a capacidade isolante do ar diminui com a altura em função da diminuição da densidade do ar, e as

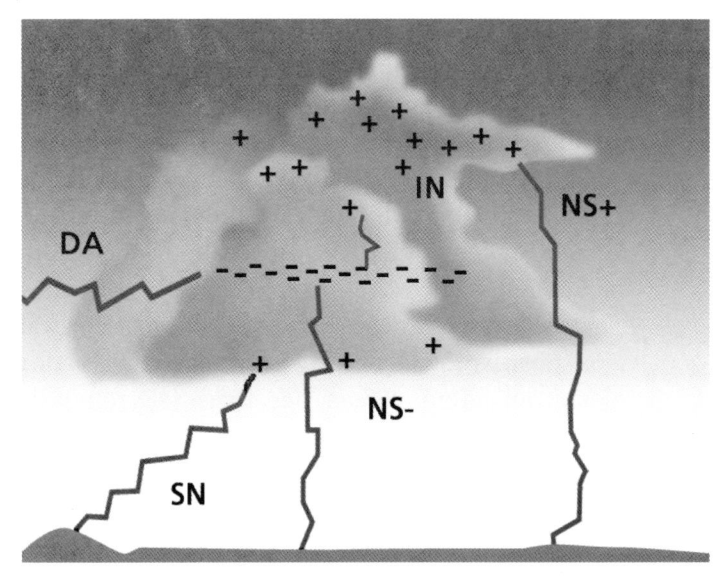

Fig. 1.1 *Ilustração da estrutura elétrica típica de uma nuvem de tempestade e dos diferentes tipos de relâmpagos: nuvem-solo negativos (NS-) e positivos (NS+), solo-nuvem (SN), intra-nuvem (IN) e descargas para o ar (DA)*

regiões de cargas opostas dentro da nuvem estão mais próximas que no caso dos outros relâmpagos. Globalmente, representam cerca de 70% do número total de relâmpagos. Esse percentual varia com a latitude geográfica, sendo em torno de 80 a 90% em regiões próximas ao equador geográfico e em torno de 50 a 60% em regiões de médias latitudes. Acredita-se que essa variação se deva ao fato da medida que a latitude diminui as cargas contidas dentro das nuvens, tendem a estar em regiões mais altas. Embora mais freqüentes, os relâmpagos intra-nuvem tendem a ser mais fracos que os relâmpagos nuvem-solo, com picos de intensidade de corrente de poucos quiloampères. Dentre os outros tipos de relâmpagos, os mais freqüentes são os relâmpagos nuvem-solo, que representam em termos práticos o restante dos relâmpagos, já que os demais tipos são comparativamente mais raros.

Os relâmpagos nuvem-solo, também denominados raios, são os mais estudados devido ao seu caráter destrutivo. Eles podem ser divididos em dois tipos ou polaridades, definidas em função do sinal da carga efetiva transferida da nuvem ao solo: relâmpagos nuvem-solo negativos, ou raios negativos, e relâmpagos nuvem-solo positivos, ou raios positivos. Os negativos, cerca de 90% dos raios, transferem cargas negativas (elétrons) de uma região carregada negativamente dentro da nuvem para o solo. Os raios positivos, cerca de 10%, transferem cargas positivas de uma região carregada positivamente dentro da nuvem para o solo (na realidade, elétrons são transportados do solo para a nuvem).

Os raios duram, em média, aproximadamente um quarto de segundo, embora valores variando desde um décimo de segundo a dois segundos têm sido registrados. Durante este período, percorrem trajetórias na atmosfera com comprimentos de até algumas dezenas de quilômetros. A corrente elétrica, por sua vez, sofre grandes variações: desde algumas centenas de ampères até centenas de quiloampères. A corrente flui em um canal com um diâmetro de uns poucos centímetros, denominado canal do relâmpago, onde a temperatura atinge valores máximos tão elevados quanto algumas dezenas de milhares de graus, e a pressão, valores de dezenas de atmosferas. Embora o raio possa parecer ao olho humano uma descarga contínua, na verdade ele é, em geral, formado de múltiplas descargas, denominadas descargas de retorno, que se sucedem em intervalos de tempo muito curtos.

Ao número dessas descargas dá-se o nome de multiplicidade do raio. Durante o intervalo entre as descargas, variações lentas e rápidas de corrente podem ocorrer.

Um raio negativo é formado por diversas etapas. Ele inicia com fracas descargas na região de dentro da nuvem que contém cargas negativas, numa área que mede em torno de 5 km. Essas cargas se deslocam em direção ao centro inferior de cargas positivas ao longo de um período de cerca de 10 milissegundos (ms), denominado período de quebra de rigidez preliminar, conforme ilustrado na Fig. 1.2. Associada a essas descargas, uma radiação eletromagnética com máxima intensidade na faixa de freqüência de centenas de quilohertz a centenas de megahertz é gerada. Caracteriza-se por uma grande quantidade de pulsos unipolares e bipolares.

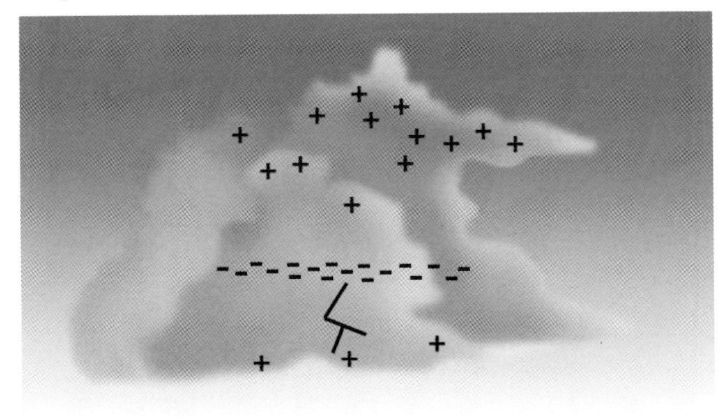

Fig. 1.2 *Detalhe das descargas dentro da nuvem durante o período de quebra de rigidez de um raio negativo*

Ao final do processo de quebra de rigidez, uma fraca descarga luminosa, geralmente não visível, denominada líder escalonado, se propaga para fora da nuvem em direção ao solo com uma velocidade em torno de 400 mil km/h ao longo do canal do relâmpago (Fig. 1.3). Por transportar cargas negativas, o líder escalonado é chamado de negativo. O líder escalonado segue um caminho tortuoso e em etapas, cada uma delas percorrendo de 30 a 100 m e com duração de 1 microssegundo (μs), em busca do caminho mais fácil para a formação do canal. Ao final de cada etapa, há uma pausa de cerca de 50 μs. A maior parte da luminosidade é produzida durante as etapas de 1 μs, praticamente não havendo luminosidade durante as pausas. Ao todo, o líder escalonado transporta dez ou mais coulombs (C) de carga e aproxima-se do solo em média em 20 ms,

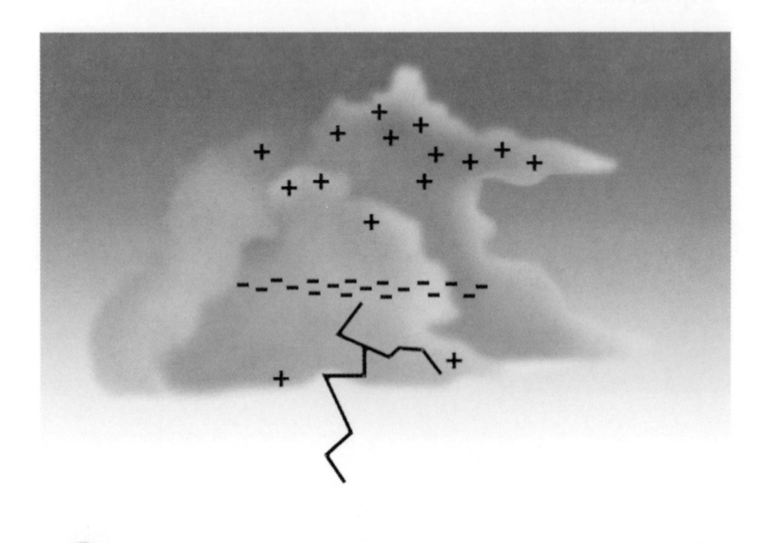

Fig. 1.3 *Líder escalonado de um raio negativo se propagando na atmosfera*

dependendo da tortuosidade de seu caminho. Sua corrente média é de algumas centenas de ampères, com pulsos de ao menos 1 kA correspondentes a cada etapa. Geralmente o líder escalonado ramifica-se ao longo de vários caminhos, embora na grande maioria das vezes um só ramo atinja o solo. À medida que as cargas do líder propagam-se ao longo do canal rumo ao solo, uma grande quantidade de pulsos de radiação é produzida com máxima intensidade, na faixa de freqüência de alguns megahertz a centenas de megahertz.

Quando o líder escalonado aproxima-se do solo, a uma distância de algumas dezenas a pouco mais de uma centena de metros, as cargas no canal produzem um campo elétrico intenso entre a extremidade do líder e o solo, correspondente a um potencial elétrico da ordem de 100 milhões de volts. Este campo causa a quebra de rigidez do ar em um ou mais pontos no solo, fazendo com que um ou mais líderes ascendentes positivos, denominados líderes conectantes, saiam do solo propagando-se de forma similar ao líder escalonado (Fig. 1.4). As poucas medidas da velocidade de líderes conectantes indicam valores similares à dos líderes escalonados. Em cerca de 30% dos casos, mais de um líder surge a partir de diferentes pontos no solo. Os pulsos de radiação produzidos pelos líderes conectantes também possuem máxima intensidade, na faixa de freqüência de alguns megahertz a centenas de megahertz.

No instante em que um líder conectante encontra o líder escalonado, as cargas armazenadas no canal do líder escalonado começam a se mover em direção ao solo na forma de uma intensa descarga,

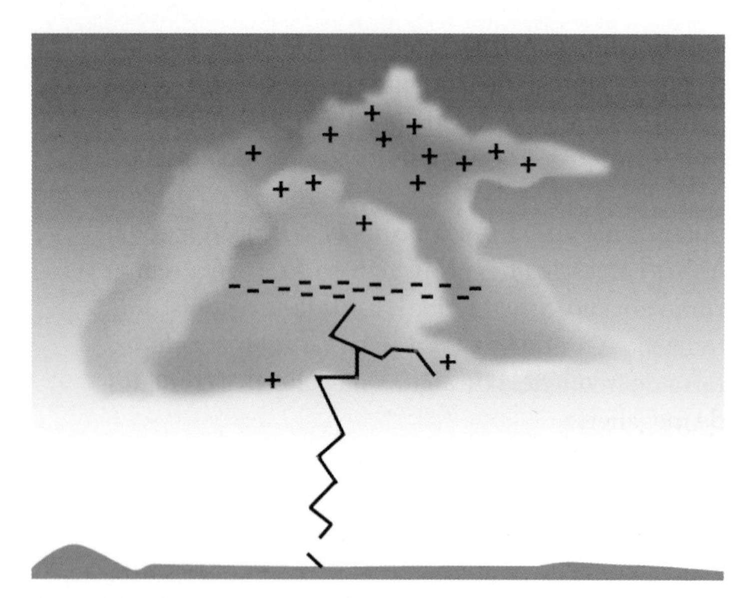

Fig. 1.4 *Surgimento de um líder conectante no solo em razão da proximidade do líder escalonado de um raio negativo*

acompanhada de um intenso clarão que se propaga para cima ao longo do canal, com uma velocidade de cerca de 400 milhões de km/h, cerca de um terço da velocidade da luz, iluminando o canal e todas as ramificações. A velocidade máxima do clarão é próxima ao solo, diminuindo em até 50% próximo à base da nuvem. Esta descarga, denominada descarga de retorno, dura cerca de 100 μs e produz a maioria da luz visível (Fig. 1.5). As cargas depositadas no canal, bem como aquelas ao redor e no topo do canal, movem-se para baixo produzindo no ponto de contato do líder conectante com o solo (denominado base do canal) um pico de corrente médio de cerca de 30 kA, com variações de uns poucos quiloampères até centenas de quiloampères. Valores superiores a 200 kA correspondem a menos de 0,1% dos casos. Até o presente, os máximos valores de corrente de raios negativos já registrados no solo são em torno de 280 kA.

Em geral, a corrente da descarga de retorno atinge seu pico em cerca de 10 μs e decai à metade deste valor em cerca de 100 μs, perdurando em média 200 a 400 μs. A corrente aumenta lentamente no início, correspondendo ao período que antecede o encontro da descarga conectante com o líder escalonado, passando então a aumentar mais rapidamente, apresentando uma máxima variação pouco antes de atingir o pico. A partir deste estágio, começa a diminuir de forma mais lenta, indicando que menos carga é depositada nas regiões mais altas do canal durante o movimento descendente do líder escalonado. A carga negativa média transferida ao solo durante uma descarga de retorno é cerca de 10 C. Associado à descarga de retorno, um pulso

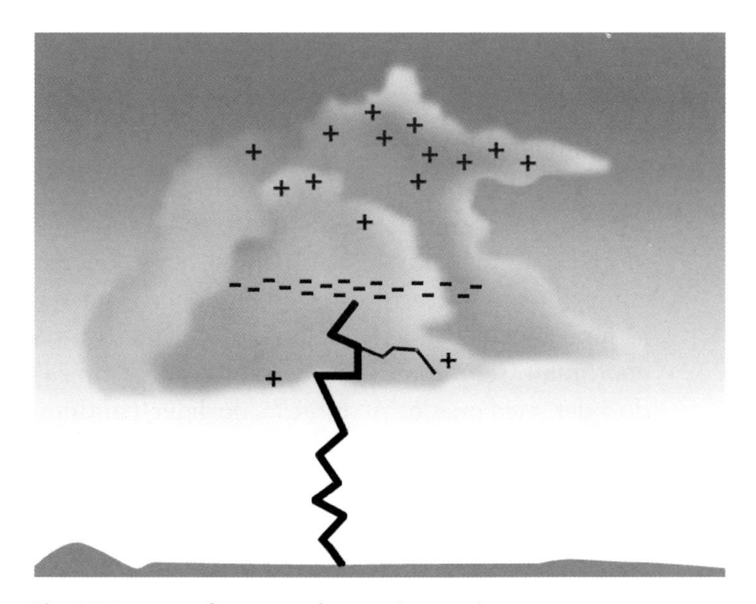

Fig. 1.5 *Descarga de retorno de um raio negativo*

de radiação com máxima intensidade, na faixa de freqüência de alguns quilohertz a dezenas de quilohertz, é produzido.

Se o raio terminar após a descarga de retorno, ele é denominado raio simples. Cerca de 20% dos raios negativos são simples, embora esse valor possa variar grandemente de uma tempestade para outra. Na maioria dos casos, contudo, uma nova descarga de retorno ocorre após uma pausa de 1 a 500 ms (valores médios em torno de 40 a 90 ms). É denominada descarga de retorno subseqüente. Para que ela ocorra, entretanto, é necessário que outras cargas dentro da nuvem sejam transportadas para a região onde se iniciou o líder escalonado. Nesse transporte, descargas chamadas K ocorrem dentro da nuvem (Fig. 1.6), produzindo pulsos de radiação com máxima intensidade na faixa de freqüência de centenas de quilohertz a centenas de megahertz.

Quando as novas cargas transportadas dentro da nuvem atingem a região do canal formado pela primeira descarga de retorno, um novo líder, denominado líder contínuo, ocorre. Ele irá abrir caminho para a descarga de retorno subseqüente. Diferentemente do líder escalonado, o líder contínuo propaga-se como um segmento de corrente com um comprimento entre 10 e 100 m, ao longo do canal já ionizado pelo líder escalonado, de uma forma contínua e sem apresentar as ramificações típicas do líder escalonado. A duração do líder contínuo é em torno de 1 ms e sua velocidade média é em geral bem maior do que a do líder escalonado, com valores em torno de 4 milhões de km/h, devido à preexistência do canal. A corrente no canal é da ordem de 1 kA e a carga transportada é da ordem de 1 C. Todavia, em muitos casos, o líder contínuo pode se desviar ao longo do trajeto e seguir um novo caminho, em razão do decaimento do canal inicial ou devido aos fortes ventos, passando a apresentar um comportamento similar ao de um líder escalonado, sendo denominado líder contínuo-escalonado. Isto ocorre principalmente quando o tempo após uma descarga de retorno é maior do que 100 ms. Nesses casos, a velocidade do líder tende a ser menor e a nova descarga de retorno irá ocorrer a partir de um líder conectante proveniente de um ponto diferente no solo. Raios deste tipo são conhecidos como raios bifurcados. Evidências indicam que cerca de 50% dos raios negativos são bifurcados. Em poucos casos, o líder contínuo pode subitamente interromper seu trajeto na atmosfera, não produzindo uma descarga de retorno subseqüente.

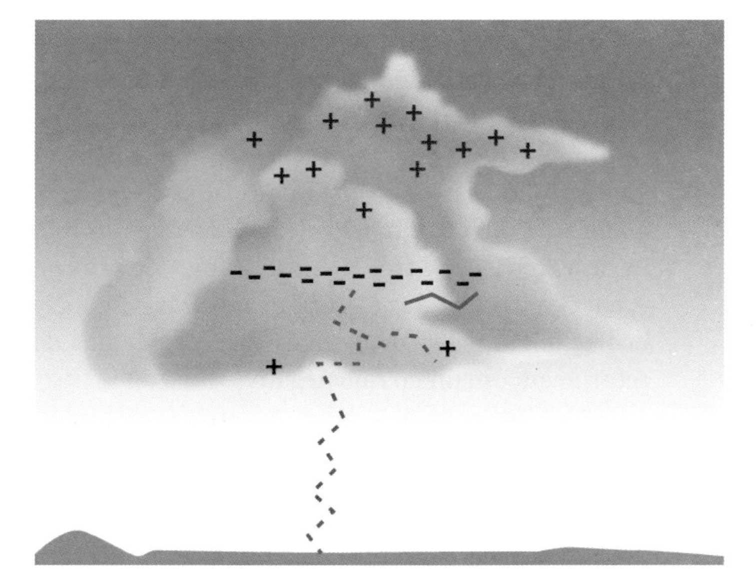

Fig. 1.6 *Descargas K que podem ocorrer dentro da nuvem após a primeira descarga de retorno*

Quando o líder contínuo aproxima-se alguns metros do solo, depois de 50 ms de seu início, surge novamente um líder conectante (com apenas alguns metros de extensão neste caso) e tem-se então a descarga de retorno subseqüente. A velocidade desse tipo de descarga tende a ser levemente maior do que a velocidade da primeira descarga de retorno. Os pulsos de radiação gerados pelo líder contínuo possuem máxima intensidade na faixa de centenas de megahertz.

Raios com diversas descargas de retorno subseqüentes são denominados raios múltiplos. O pico de corrente das descargas de retorno subseqüentes tende a ser menor do que a intensidade da primeira descarga de retorno, com valores típicos em torno de 10 kA. A corrente de descargas de retorno subseqüentes tende também a atingir o pico mais rapidamente, em torno de 1 μs, devido ao menor comprimento da descarga conectante e por durar um período menor (em torno de 50 μs). Os pulsos de radiação associados às descargas de retorno subseqüentes, por sua vez, tendem a ser similares àqueles da primeira descarga de retorno, apenas de menor intensidade. Em média, um raio negativo possui de três a seis descargas de retorno e, em cerca de 1% dos casos, seis ou mais descargas ocorrem. Há registros de mais de 26 descargas de retorno em um único raio negativo.

Na maioria dos raios negativos múltiplos, uma ou mais descargas de retorno subseqüentes são seguidas por uma corrente de 100 a 1000 A durante um período de alguns milissegundos a centenas de milissegundos, denominada corrente contínua. Em geral, correntes contínuas de curta duração (menos que 40 ms) são mais intensas do que aquelas de longa duração. Por outro lado, aparentemente menos de 10% das primeiras descargas de retorno em raios negativos são seguidas por corrente contínua. Cerca de 20% dos raios negativos múltiplos contêm ao menos uma corrente contínua de longa duração. A corrente contínua transporta dezenas ou até centenas de coulombs de carga para o solo. Correntes contínuas produzem radiação principalmente na faixa de um a centenas de hertz. Algumas vezes, durante a ocorrência de corrente contínua, a luminosidade do canal aumenta por cerca de 1 ms devido a um aumento momentâneo de corrente no canal. Tal aumento é denominado componente M. A variação de corrente associada ao componente M é muito similar às variações de corrente que ocorrem durante a primeira descarga de retorno por causa das ramificações. O pulso de radiação gerado pela componente M possui máxima intensidade, na faixa de centenas de hertz.

Os raios positivos de um modo geral seguem as mesmas etapas descritas para os negativos, porém, com algumas diferenças. Iniciam-se a partir de um líder de luminosidade mais fraca do que a de um líder escalonado de um raio negativo, e se propagam a partir de uma região de cargas positivas dentro da nuvem. Não apresentam etapas, e sim uma luminosidade contínua, com variações periódicas de intensidade. Na maior parte das vezes, os raios positivos costumam apresentar apenas uma descarga de retorno, cuja intensidade média é levemente maior do que a dos negativos. A energia e a carga positiva transferidas ao solo – que na realidade são cargas negativas do solo para a nuvem – são normalmente maiores que as dos raios negativos. Isso ocorre porque apresentam corrente contínua de longa duração mais freqüentemente (em cerca de 80% dos casos, contra 20% dos casos para os negativos) e, aparentemente, de maior intensidade. Os campos eletromagnéticos gerados pela descarga de retorno e a corrente contínua de um raio positivo são similares àqueles da primeira descarga de retorno e à corrente contínua de um raio negativo.

Como resultado das diversas etapas de um raio negativo, a radiação é gerada principalmente na faixa de freqüência, desde uns poucos hertz até centenas de megahertz, com máxima intensidade

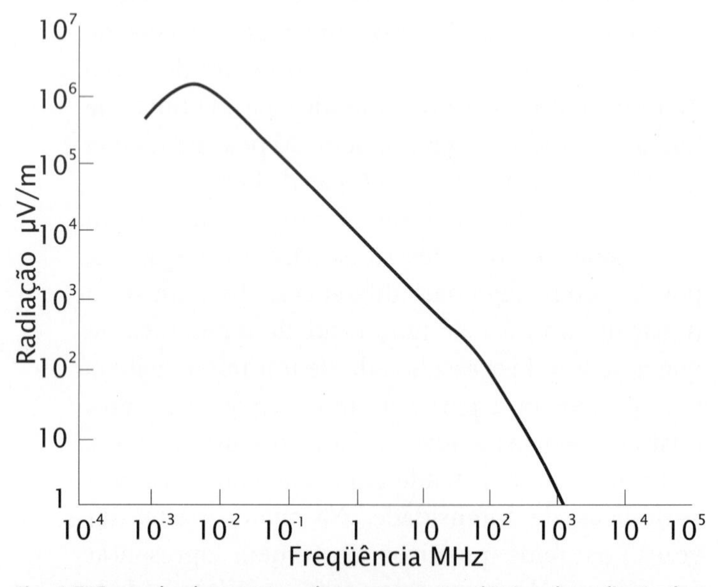

Fig. 1.7 *Exemplo de espectro da componente elétrica da radiação (em microvolts por metro) observado a cerca de 20 km de distância da base do canal de um típico raio negativo. Para freqüências acima do pico do espectro, a intensidade da radiação diminui inversamente à freqüência até cerca de 10 MHz, quando então passa a diminuir inversamente ao quadrado da freqüência*

em torno de 5 a 10 kHz (Fig. 1.7), no visível. Fora do visível, a radiação é produzida pela aceleração dos elétrons presentes dentro do canal do raio, e representa cerca de 0,01% da energia do raio. No visível, a radiação é devida à ionização e excitação dos átomos e moléculas do ar, e representa cerca de 1% da energia do raio.

A Fig. 1.8 ilustra a corrente elétrica típica medida na base do canal para as diversas etapas de um raio negativo, juntamente com a componente elétrica da radiação observada a cerca de 20 km de distância deste ponto em três diferente faixas de freqüência: VLF (*Very Low Frequency*), LF (*Low Frequency*) e VHF (*Very High Frequency*). Cada etapa do raio é indicada na curva de corrente e em uma das três faixas de freqüência, correspondente

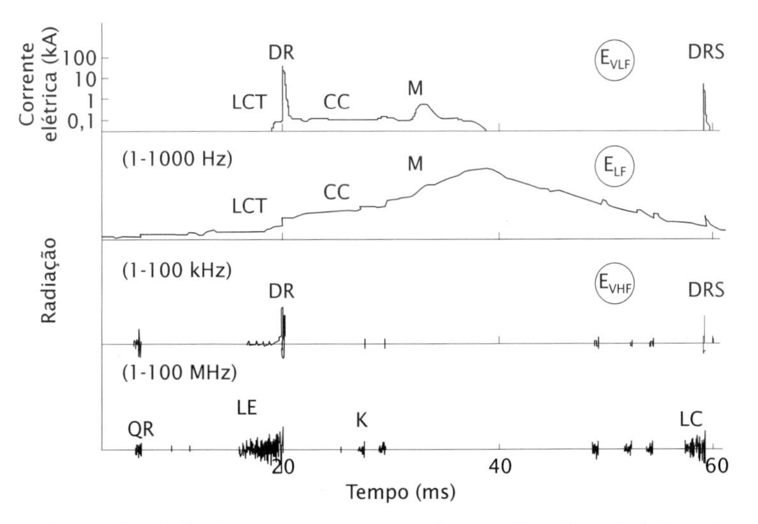

Fig. 1.8 *Variação da corrente em um raio negativo. Características da radiação (escala arbitrária) associada a diversas etapas são indicadas: quebra de rigidez (QR), líder escalonado (LE), líder conectante (LCT), primeira descarga de retorno (DR), corrente contínua (CC), componente M (M), descarga K (K), líder contínuo (LC) e descarga de retorno subseqüente (DRS)*

àquela em que esta etapa pode ser medida com mais facilidade. Neste livro, as faixas denominadas VLF, LF e VHF são adotadas para corresponderem respectivamente às seguintes freqüências: 1 a 1000 Hz, 1 a 100 kHz e 1 a 100 MHz. Pequenas variações nestes valores podem ser encontradas em outras referências, não afetando contudo o conteúdo apresentado aqui.

Em princípio, é possível estimar os campos eletromagnéticos que seriam observados a uma certa distância de um raio a partir das equações de Maxwell, desde que se assuma um modelo para a corrente no canal e um modelo para a propagação da radiação ao longo desta distância, levando-se em conta que para diferentes faixas de freqüência a radiação se propaga de diferentes formas (conforme ilustrado na Fig. 1.9). Na faixa de VLF a radiação se propaga através de múltiplas reflexões entre o solo e a base da ionosfera; na faixa de LF a radiação se propaga pelo solo; e na faixa de VHF a radiação se propaga pela atmosfera de forma direta.

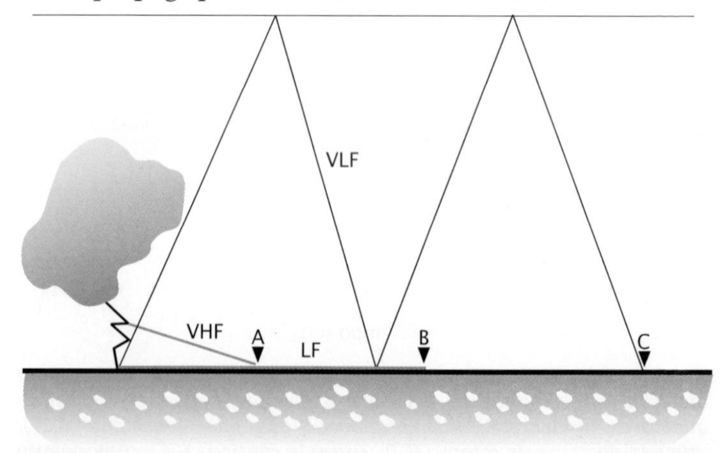

Fig. 1.9 *Formas de propagação da radiação gerada por um raio até um observador A, B ou C em função da faixa de freqüência da radiação (VLF, LF e VHF)*

No caso de uma descarga de retorno, diversos modelos de corrente têm sido sugeridos com base em resultados empíricos, parâmetros físicos do canal ou analogias com circuitos elétricos. Para o cálculo do pico da radiação de uma descarga de retorno na faixa de LF, um modelo de corrente que assume o canal do raio como uma simples linha de transmissão é suficiente para reproduzir o pulso de radiação gerado com razoável precisão. É denominado modelo de linha de transmissão. Nele, o pico da radiação medido no solo, assumido como perfeitamente condutor, é diretamente proporcional ao pico de corrente da descarga de retorno próximo à base do canal, desde que se assuma uma velocidade constante da descarga de retorno ao longo do mesmo, independente do pico de corrente. Para distâncias maiores que 50 km, os efeitos de propagação da radiação passam a ser significativos. A radiação pode ser fortemente afetada e, geralmente não é válido assumir que o solo seja perfeitamente condutor. Esses efeitos dependem da freqüência, fazendo com que o pulso de radiação seja atenuado e distorcido ao longo de sua propagação. Em virtude da atenuação ser maior para maiores freqüências, a amplitude máxima da forma de onda tende a diminuir e o tempo para atingi-la tende a aumentar.

Diferentemente dos raios, os campos eletromagnéticos gerados por relâmpagos intra-nuvem possuem maior intensidade, na faixa de centenas de quilohertz, estendendo-se a centenas de megahertz. Estão associados ao transporte e aniquilação de cargas quando o canal do relâmpago se propaga, em geral, da região de cargas negativas para cima em direção à região de cargas positivas dentro da nuvem. A radiação é caracterizada por um conjunto de pulsos unipolares, geralmente com polaridade igual àquela de raios positivos e bipolares. Na faixa de LF, os pulsos de radiação produzidos por relâmpagos intra-nuvem geralmente são menos intensos do que aqueles associados às descargas de retorno (em média cerca de 5% dos pulsos das descargas de retorno). Na faixa de VHF, entretanto, tais pulsos em geral são da mesma ordem daqueles associados às descargas de retorno. Por outro lado, os campos eletromagnéticos gerados por relâmpagos intra-nuvem são indistinguíveis daqueles que são gerados entre nuvens e descargas para o ar.

Sistemas de Detecção de Descargas Atmosféricas 2

Sistemas de detecção de descargas atmosféricas são formados por diversos sensores dispostos numa adequada configuração, que captam a radiação eletromagnética gerada pelas descargas e uma central que recebe os dados dos sensores através de canais de comunicação e os processa, dando como resultado informações sobre as descargas. Diferentemente de sensores individuais, utilizados para a detecção de descaras, em geral caracterizados por uma grande margem de erro (em geral maior que 10 km), os sistemas de detecção de descargas permitem localizar ou mesmo mapear no céu as descargas com relativa precisão (em alguns casos, poucas centenas de metros).

Os primeiros sistemas de detecção de descargas atmosféricas surgiram na década de 1920. Consistiam em sensores formados por um par de espiras ortogonais para medir a componente magnética dos pulsos de radiação gerados pelas descargas, na faixa de freqüência em torno de 10 kHz, pulsos conhecidos como *sferics*. Nessa faixa, as medidas tendem a registrar, principalmente os pulsos de radiação associados às descargas de retorno, gerados próximo ao solo, no instante em que o líder conectante encontra o líder escalonado. A comparação da radiação medida pelas duas espiras permite determinar a direção de onde a radiação é proveniente e, neste caso, representa com boa aproximação a direção do ponto de contato da descarga de retorno com o solo. O uso de três sensores possibilita determinar a localização no ponto de contato da descarga de retorno com o solo, conforme ilustrado na Fig. 2.1, por meio de um processo de otimização dos *mínimos quadrados* das localizações obtidas a partir de cada par de sensores. Tal processo permite determinar a localização mais provável do ponto de contato da descarga de retorno com o solo. As incertezas na localização se devem a erros randômicos associados a aspectos físicos, tais como a condutividade do solo e o relevo, que afetam a propagação da radiação pelo solo, e a erros sistemáticos, associados à instalação do sensor. Essas incertezas seguem uma distribuição gaussiana de probabilidades. Para uma dada probabilidade P, define-se uma elipse de incerteza em torno da localização mais provável. Tal localização do ponto de contato da descarga com o solo tem probabilidade P de estar dentro da região definida pela elipse (Fig. 2.2). Quanto

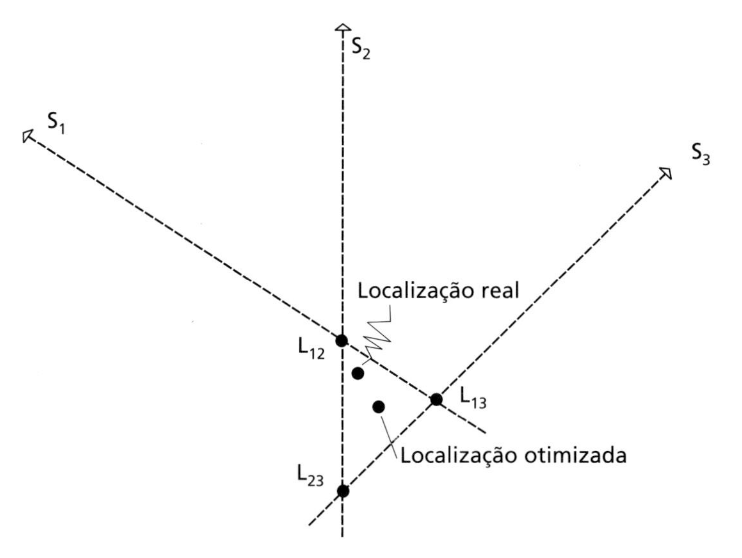

Fig. 2.1 *Método da direção magnética para localização do ponto de contato de uma descarga de retorno com o solo. Indica-se a localização de três sensores (S_1, S_2 e S_3), a localização da descarga estimada para cada par de sensores (L_{12}, L_{13} e L_{23}), a localização a partir da otimização das localizações acima e a localização real*

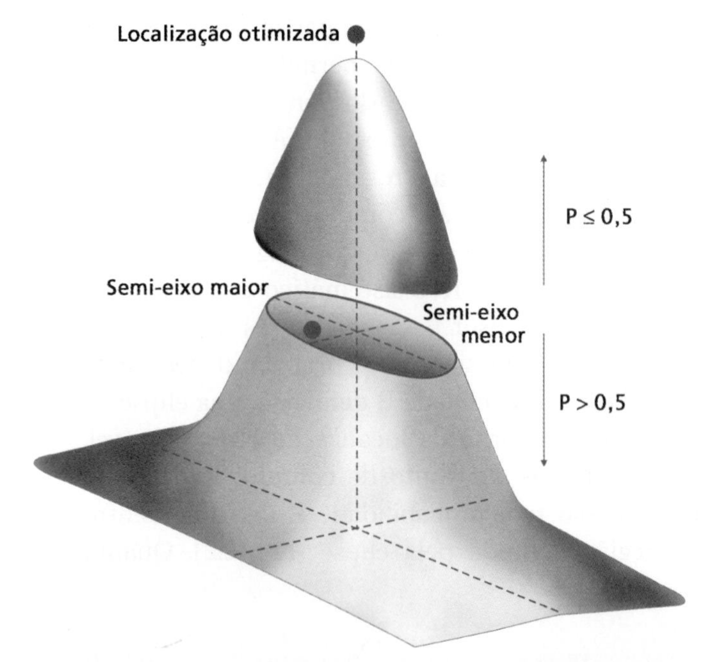

Fig. 2.2 *Distribuição gaussiana dos erros de localização do ponto de contato de uma descarga de retorno com o solo, mostrando a localização otimizada (mais provável) e a elipse de incerteza correspondente a 50%*

maior esta probabilidade, maior será a elipse. Por outro lado, quanto maior o número de sensores que detectam uma descarga, menor tende a ser a elipse e, portanto, a incerteza na localização do ponto de contato da descarga com o solo. Para sistemas na faixa de LF com um grande número de sensores, esta incerteza, definida como o semi-eixo maior da elipse de incerteza, é de cerca de 500 m. Esta técnica, denominada direção magnética, foi aprimorada na década de 1970, e as medidas foram feitas para toda a faixa de LF.

Na década de 1960, outro método, denominado tempo de chegada, foi criado, no qual a localização dos pulsos de radiação da descarga é feita a partir da comparação dos instantes em que o pulso de radiação é registrado por diferentes sensores localizados a diferentes distâncias da descarga. A precisão temporal deste método no registro das descargas é atualmente obtida pelo do uso do sistema GPS (*Global Positioning System*), e é da ordem de dezenas de microssegundos. Para cada sensor, uma distância é determinada em cada instante anterior ao registro da radiação, assumindo uma velocidade de propagação da radiação. O método de tempo de chegada tem sido utilizado em VLF, LF e VHF. Nas faixas de VLF e LF, essas distâncias representam os raios de círculos a partir do sensor correspondente à possível localização do ponto de contato da descarga de retorno com o solo naquele instante. Com o uso de quatro sensores é possível, a partir da intersecção destes círculos, determinar a localização aproximada do ponto de contato da descarga de retorno com o solo. A Fig. 2.3 ilustra a localização do ponto de contato obtido por este método. Na faixa de VHF, essas distâncias representam os raios de esferas a partir do sensor, correspondentes à possível localização de descargas K dentro da nuvem, ou de líderes ao longo de seu trajeto na atmosfera em direção ao solo. Com o uso de quatro sensores é possível, a partir da intersecção destas esferas, determinar o ponto no espaço de onde a radiação é proveniente. Para cada faixa de freqüência, uma diferente velocidade de propagação deve ser considerada, levando-se em conta as características da trajetória percorrida pela radiação.

Na década de 1970, outro método conhecido como interferometria foi criado, no qual a localização dos pulsos de radiação da descarga – tanto

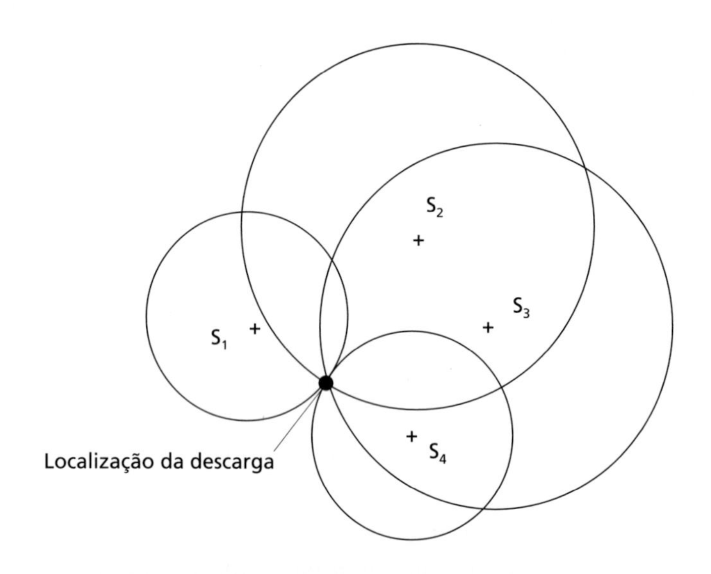

Fig. 2.3 *Método do tempo de chegada para localização do ponto de contato de uma descarga de retorno com o solo. Embora não indicado na figura, o mesmo processo de otimização descrito na Fig. 2.1 se aplica a este método*

em azimute como em elevação – é feita a partir das diferenças de fase da radiação registrada por ao menos dois pares de antenas do tipo dipolo, de um mesmo sensor, dispostas de forma ortogonal. A interferometria tem sido utilizada na faixa de VHF. Os valores de azimute e elevação representam a direção a partir do sensor correspondente à possível localização de descargas K dentro da nuvem, ou de pulsos associados a líderes, ao longo de seu trajeto na atmosfera em direção ao solo. Com o uso de dois sensores é possível, a partir da interseção das direções obtidas determinar o ponto no espaço de onde a radiação é proveniente.

Alguns sensores utilizam uma só técnica de detecção e operam em uma só faixa de freqüência, como os sensores que medem a componente elétrica da radiação na faixa de LF e utilizam a técnica do tempo de chegada, conhecidos como LPATS (*Lightning Position and Tracking System*). Outros sensores podem utilizar mais de uma técnica de localização simultaneamente e/ou operar em mais de uma faixa de freqüência. Na década de 1990, foi desenvolvido um sensor denominado IMPACT (*Improved Accuracy Using Combined Technology*), que mede as componentes elétrica e magnética da radiação na faixa de LF e utiliza as técnicas de direção magnética e tempo de chegada. Também nesta década foi desenvolvido um novo sensor utilizado no sistema SAFIR (*Surveillance et Alerte Foudre par Interférométrie Radioélectrique*). Além de utilizar a técnica de interferometria em VHF, este último sensor mede a componente elétrica na faixa de LF e utiliza a técnica de tempo de chegada para distinguir entre relâmpagos intra-nuvem e raios, e determinar a polaridade e máxima intensidade de corrente das descargas de retorno. Em 2004, estes dois últimos sensores foram integrados em um novo sensor, denominado LS8000.

Dependendo da componente eletromagnética e da freqüência da radiação medida, diferentes características ou etapas da descarga podem ser investigadas e distintas são as áreas de cobertura para um mesmo número de sensores. Enquanto sistemas na faixa de VLF e LF permitem estimar o ponto de contato da descarga com o solo, sistemas na faixa de VHF permitem mapear a descarga ao longo de sua trajetória no céu. Em particular, sistemas na faixa de LF permitem também determinar a polaridade da descarga de retorno, bem como estimar outros parâmetros relacionados à sua curva de corrente. De um modo geral, quanto maior o número de sensores, maior a área coberta pelo sistema e maior é a redundância na detecção da descarga. Quanto maior a redundância, maior é a precisão na localização de onde a radiação foi gerada.

Sistemas na faixa de VLF permitem com poucos sensores, distantes milhares de quilômetros uns dos outros, determinar a localização de descargas de retorno em regiões de dimensões continentais. Tais sistemas são particularmente úteis para cobrir regiões oceânicas ou de difícil acesso, onde outros sistemas não podem ser empregados. Contudo, a informação se restringe praticamente à ocorrência da descarga de retorno, não fornecendo dados sobre sua polaridade ou intensidade. Valores típicos para a incerteza na localização do ponto de contato da descarga de retorno com o solo são 10-20 km. Tais sistemas utilizam a técnica do tempo de chegada e em geral, possuem eficiência de detecção de descargas de retorno (percentual de descargas detectadas em relação ao número de descargas que ocorrem) em torno de 10%. Também são pouco contaminados por pulsos provenientes de relâmpagos intra-nuvem, em razão da sua menor intensidade em relação às descargas de retorno. Diversos sistemas desse tipo operam atualmente em diversos continentes. Alguns deles possuem sensores em diferentes continentes, permitindo monitorar a atividade de raios sobre os oceanos e a atividade global no planeta. No Brasil, o INPE opera desde 2003 um sensor na faixa de VLF, em São José dos Campos, em colaboração com a Universidade de Washington, como parte da rede global denominada WWLL (*World Wide Lightning*

Location Network). Para 2005 está prevista a instalação de mais dois sensores no País, em locais a serem definidos. A Fig. 2.4 apresenta um exemplo de visualização dos dados do sistema WWLL para o período de 16h30min às 17h10min hora universal, no dia 22 de abril de 2003. Os círculos indicam a localização dos sensores existentes naquela data. A região mais escura indica locais onde é noite naquele período.

Sistemas na faixa de VLF também permitem com poucos sensores, distantes dezenas de quilômetros uns dos outros, determinar a localização das cargas destruídas dentro da nuvem durante as diversas etapas de uma descarga. Permitem ainda monitorar a ocorrência de corrente contínua em regiões com dezenas de quilômetros.

Sistemas na faixa de LF permitem com poucos sensores, distantes centenas de quilômetros uns dos outros, determinar a localização de descargas de retorno em regiões de dimensões de centenas de quilômetros. Apesar da menor abrangência desses sistemas em relação aos sistemas em VLF,

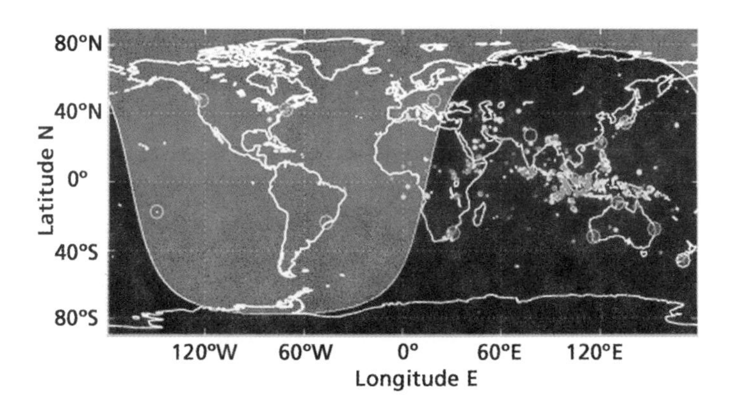

Fig. 2.4 *Exemplo de visualização dos dados do sistema WWLL*

eles possibilitam determinar com maior precisão a localização do ponto de contato de uma descarga de retorno com o solo do que os sistemas em VLF. Valores típicos para a incerteza na localização do ponto de contato das descargas de retorno com o solo vão de 1 a 2 km. Além disso, os sistemas LF também permitem estimar a polaridade da descarga de retorno e parâmetros de sua curva de corrente, tais como máxima intensidade, tempo de subida e largura, a partir dos parâmetros da forma de onda da radiação. Tais parâmetros, contudo, são afetados pela propagação da radiação pelo solo, que tende a reduzir o pico e a aumentar o tempo de subida e a largura do pulso. No caso do pico de corrente, levando-se em conta a variabilidade da velocidade da descarga de retorno (não medida pelo sistema), tem-se em média incertezas de 20 a 30%, podendo atingir valores de até 100% para valores de pico de corrente das descargas de retorno abaixo de 10 kA.

Atualmente, dois tipos de sensores têm sido utilizados em sistemas na faixa de LF: LPATS e IMPACT. Os sensores LPATS (em duas versões LPATS-III e LPATS-IV) detectam somente a componente elétrica da radiação e utilizam a técnica do tempo de chegada. Já os sensores IMPACT (em três versões IMPACT-141T, IMPACT-ES e IMPACT-ESP) detectam as componentes elétrica e magnética da radiação, e utilizam as técnicas do tempo de chegada e da direção magnética. As últimas versões destes sensores (LPATS-IV e IMPACT-ESP) trazem diversos aperfeiçoamentos em relação às versões anteriores, que permitem principalmente maior eficiência ao sensor. A eficiência de detecção de descargas de retorno de um sistema de detecção, por sua vez, é definida como a fração das descargas de retorno que são registradas pelo sistema e depende de três tipos de fatores: a eficiência dos sensores (ligada ao nível de ruído, ganho etc.), as características da rede (distância entre os sensores, características geográficas etc.) e as características das descargas (principalmente a intensidade). Em geral, sistemas com grande número de sensores possuem uma maior eficiência devido à sua maior redundância. Dependendo desses fatores, a eficiência de detecção de descargas de retorno pode variar grandemente. Na maioria dos sistemas na faixa de LF, a eficiência de detecção de descargas de retorno fica em torno de 50%, enquanto a eficiência de detecção de raios é superior a 80%, levando-se em conta que basta detectar uma descarga de retorno para que o raio seja detectado.

Para se determinar quais descargas de retorno pertencem a um mesmo raio e sua multiplicidade, adota-se um critério de agrupamento destas descargas. O critério mais simples consiste em considerar a primeira descarga de retorno de um raio como uma descarga que não tenha nenhuma outra precedente em um intervalo de 500 ms. Então, considera-se que todas as descargas posteriores dentro de um intervalo de um segundo, e que tenham sua localização mais provável a uma distância inferior a 10 km da localização mais provável da primeira descarga, pertencem a este mesmo raio. Tais valores são adotados com base nos valores máximos observados para o intervalo de tempo entre duas descargas de retorno de um mesmo raio e para a duração de um raio. Um critério mais realístico que leva em conta as incertezas na localização das descargas de retorno é ilustrado na Fig. 2.5, na qual são indicadas seis descargas de retorno que ocorrem consecutivamente em um dado período de tempo. Neste critério, elege-se uma que é a primeira descarga de retorno de um raio (descarga 1 na Fig. 2.5), com base, novamente, na ausência de uma descarga precedente em um intervalo anterior de 500 ms. A próxima descarga de retorno pertencerá ao mesmo raio se ocorrer num intervalo de tempo menor que 500 ms da primeira e tiver sua localização mais provável a uma distância menor de 10 km da localização mais provável da primeira descarga de retorno, ou se tiver sua localização mais provável a uma distância entre 10 e 50 km da localização mais provável da primeira descarga de retorno, porém, com sua elipse de incerteza de 50% penetrando na região de abrangência de 10 km da primeira descarga de retorno. Com base nestes critérios as descargas 2 e 3 na Fig. 2.5 devem ser consideradas pertencentes ao mesmo raio da descarga 1, desde que os intervalos de tempo entre as descargas 1 e 2 e entre as descargas 2 e 3 sejam inferiores a 500 ms. Já as descargas que distam mais de 10 km da localização mais provável da primeira descarga de retorno e cuja elipse de incerteza de 50% não penetre na região de abrangência de 10 km da localização mais provável da primeira descarga de retorno (descarga 4 na Fig. 2.5) ou aquelas que distam mais de 50 km da localização mais provável da primeira descarga de retorno independentemente das suas elipses de incerteza (descargas 5 e 6 na Fig. 2.5), são consideradas pertencentes a um outro raio independentemente dos intervalos de tempo. Somente as descargas que ocorram num intervalo de tempo de até um segundo da primeira descarga

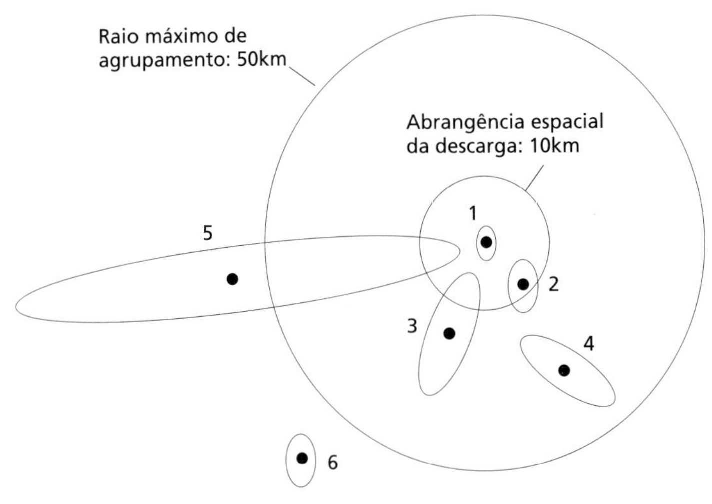

Fig. 2.5 *Algoritmo de agrupamento de descargas de retorno de um raio com as elipses de incerteza de cada descarga*

de retorno são consideradas. Em geral, apenas descargas de mesma polaridade são consideradas no processo de agrupamento, e a multiplicidade é limitada a 15, visto que este valor muito raramente é superado.

Os sistemas na faixa de LF podem sofrer considerável contaminação por relâmpagos intranuvem, principalmente se forem compostos, em sua maioria, por sensores LPATS. A contaminação tende a ocorrer sobretudo para raios positivos, embora ocorra também para raios negativos. Tal fato se deve à ausência de critérios mais rigorosos de discriminação entre raios e relâmpagos intranuvem neste tipo de sensores, o que não ocorre nos sensores IMPACT, que costumam reduzir significativamente tal contaminação, devido aos seus critérios mais elaborados.

Sistemas na faixa de LF têm sido largamente utilizados para cobrir dimensões equivalentes a um país ou, em alguns casos, a um continente.

O primeiro país de grande extensão territorial a ser coberto integralmente por um sistema na faixa de LF foram os EUA, em 1989. O sistema americano, denominado NLDN (*National Lightning Detection Network*), inicialmente contava com cerca de cem sensores: 50% do tipo LPATS-III e 50% do tipo IMPACT-141T, que transmitiam suas informações via satélite para uma central localizada no Estado do Arizona. Em 2004, todos foram substituídos por sensores IMPACT-ESP, melhorando sua eficiência e diminuindo as incertezas associadas aos diversos parâmetros das descargas de retorno estimados. Atualmente, um grande número de países está coberto por sistemas em LF, tais como Portugal, Canadá, Japão, França, Áustria, Espanha e outros. O sistema do Canadá, denominado CLDN (*Canadian Lightning Detection Network*), foi criado em 1998 e é formado por sensores LPATS-IV e IMPACT-ES. Interligados ao sistema dos EUA, formam o sistema NALDN (*North American Lightning Detection Network*). A maior parte dos sistemas individuais de cada país europeu, por sua vez, tem sido interligada formando o sistema europeu EUCLID (*European Cooperation for Lightning Detection*). Outros países de grande extensão territorial, como o Brasil e a Austrália, estão parcialmente cobertos. No Brasil, o sistema na faixa de LF é denominado RINDAT (Rede Integrada Nacional de Detecção de Descargas Atmosféricas). A Fig. 2.6 apresenta um exemplo de visualização dos dados da RINDAT. Este sistema está descrito em detalhe no próximo capítulo.

Sistemas na faixa de VHF permitem com poucos sensores, distantes dezenas de quilômetros uns dos outros, determinar a localização de pulsos

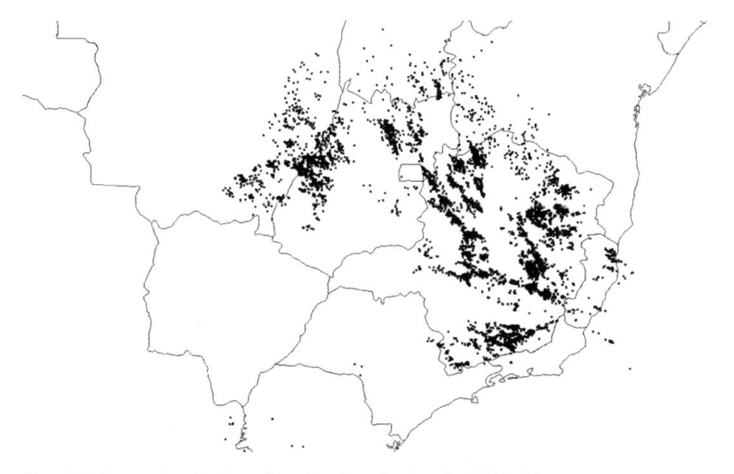

Fig. 2.6 *Exemplo de visualização dos dados da RINDAT*

de radiação associados a descargas K ou líderes em regiões de dimensões de centenas de quilômetros. Devido ao grande número de tais pulsos existentes em um relâmpago (seja um raio, ou um relâmpago intra-nuvem), esses sistemas permitem detectar e mapear o canal do relâmpago em três dimensões, seja dentro ou fora da nuvem. Contudo, no que se refere às descargas de retorno, sua polaridade não pode ser observada e a localização de seu ponto de contato com o solo tende a ser menos precisa do que aquela fornecida por sistemas na faixa de LF, seja devido às irregularidades do terreno, que atuam como obstáculos para a detecção da radiação, seja devido à interferência produzida pela radiação associada às ramificações do canal, presentes principalmente na primeira descarga de retorno. Sistemas na faixa de VHF podem utilizar a técnica de tempo de chegada ou de interferometria. O primeiro sistema na faixa de VHF a utilizar a técnica de tempo de chegada foi operado na África do Sul. Atualmente, esses sistemas são utilizados nos EUA, onde os sistemas LDAR (*Lightning Detection and Ranging*) e LDAR-II encontram-se na Flórida e no Texas. O primeiro sistema na faixa de VHF utilizando a técnica de interferometria, chamado SAFIR, foi operado na França. Atualmente, esses sistemas são utilizados em diversos países da Europa. No Brasil, o único sistema na faixa de VHF em operação está instalado no Estado de Santa Catarina. Esse sistema, composto de cinco sensores, utiliza a técnica de interferometria juntamente com a técnica de tempo de chegada em LF. A Fig. 2.7 apresenta um exemplo de visualização dos dados em três dimensões do sistema LDAR-II instalado nos EUA, que utiliza a técnica de tempo de chegada.

Em geral os dados obtidos pelos sistemas de detecção têm sido validados por meio de observações simultâneas com outras técnicas, entre elas, sensores de campo elétrico individuais, câmeras de vídeo e indução de raios artificiais por foguetes com fios condutores. Tais técnicas têm sido empregadas em diversos países, entre eles o Brasil. No processo de validação, os dados obtidos pelos sistemas são reprocessados de modo a corrigir eventuais perdas de informação no processo de comunicação dos sensores com a central de análise das informações. Essas perdas podem ocorrer tanto por falhas nos canais de comunicação como por saturação, em razão de um grande número de descargas, num pequeno intervalo de tempo, ou de variações espaciais ou temporais nas características dos sensores. Em determinadas aplicações das

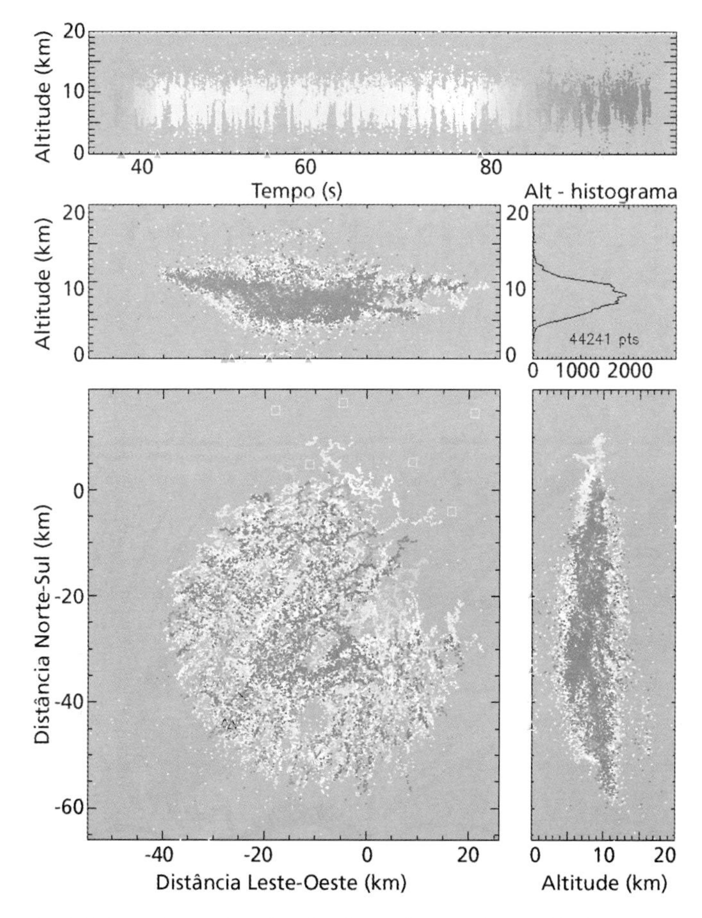

Fig. 2.7 *Exemplo de visualização dos dados do sistema LDAR-II*

informações de sistemas de detecção, somente dados reprocessados devem ser utilizados.

3

Rede Integrada Nacional de Detecção de Descargas Atmosféricas (RINDAT)

O uso de sistemas de detecção de descargas atmosféricas no Brasil teve início em novembro de 1988, no Estado de Minas Gerais, quando o então Centro de Tecnologia e Normalização (TN), da Companhia Energética de Minas Gerais (CEMIG), iniciou a operação de um sistema composto por quatro sensores do tipo LPATS-III. Os sensores estavam nas cidades de Três Marias, Volta Grande, Ipatinga e Lavras, distantes cerca de 350 km um do outro, e sincronizados por um sinal via satélite. O sistema, denominado Sistema de Localização de Tempestades (SLT), havia sido adquirido da empresa americana Atmospheric Research Inc. (ARSI), sediada na Flórida, e utilizava exclusivamente a técnica do tempo de chegada. A Fig. 3.1 mostra a localização dos sensores no mapa do Brasil.

Em 1995, após a compra da ARSI pela empresa Lightning Location and Protection (LLP), que comercializava sensores utilizando a técnica

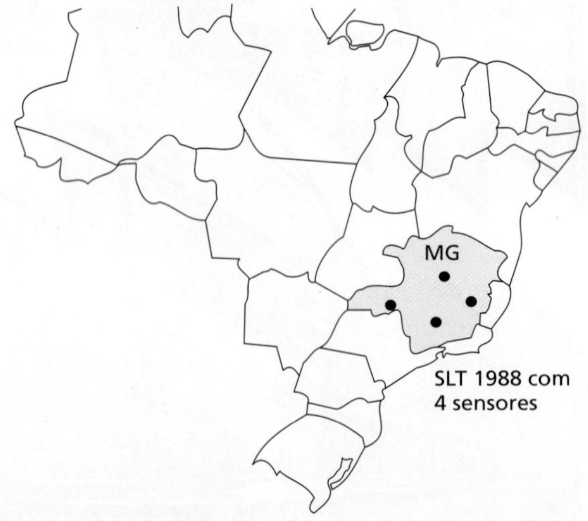

Fig. 3.1 *Mapa da localização dos primeiros sensores para detecção de descargas atmosféricas no Brasil, instalados pela CEMIG em 1988*

de direção magnética, a CEMIG comprou mais dois sensores, desta vez do tipo IMPACT-141T, expandindo sua área de cobertura, principalmente no norte do Estado. Os novos sensores foram instalados em Três Marias e Volta Grande, e os sensores LPATS-III já existentes foram realocados para Emborcação e Capitão Enéas. O sistema também passou a ter uma nova central de processamento, do tipo APA-2000, alterando a sincronização dos sensores para o sistema GPS. A partir de 1996, outras instituições passaram a operar sistemas de detecção de raios no País. Em 1996, o Instituto Tecnológico SIMEPAR instalou um sistema composto por seis sensores LPATS-III no Estado do Paraná, e em 1998 a empresa FURNAS Centrais Elétricas S.A. instalou um sistema composto por seis sensores LPATS-IV e dois sensores IMPACT-141T nos Estados de Goiás, Espírito Santo, Rio de Janeiro, São Paulo e Paraná, onde um dos sensores IMPACT foi instalado praticamente no mesmo local de um sensor LPATS-III pertencente ao SIMEPAR. O objetivo era minimizar a contaminação dos dados por relâmpagos intra-nuvem, visto que nesse Estado só haviam sensores LPATS-III. Ao mesmo tempo, em 1997, o (INPE) Instituto Nacional de Pesquisas Espaciais instalou um sensor IMPACT-141T no Estado de São Paulo, interligando-o ao sistema SLT da CEMIG por meio de um convênio de cooperação. Em 2001, a CEMIG instalou outro sensor do tipo LPATS-III em Belo Horizonte e o INPE instalou outro sensor do tipo IMPACT-ES no Estado de São Paulo, interligando-o também ao SLT. Ainda em 2001, a CEMIG, FURNAS e o SIMEPAR estabeleceram um convênio de cooperação criando a Rede Integrada de Detecção de Descargas Atmosféricas (RIDAT). Em 2002 e 2003, o INPE voltou a instalar mais dois sensores, do tipo IMPACT-ESP, nos Estados do Mato Grosso do Sul e São Paulo, interligando-os ao SIMEPAR e ao SLT, respectivamente. Posteriormente, em 2004, o INPE passou a fazer parte do convênio firmado entre CEMIG, FURNAS e SIMEPAR, criando então a Rede Integrada Nacional de Detecção de Descargas Atmosféricas (RINDAT). Apesar do nome, a RINDAT tem como objetivo detectar somente raios, e não todos os tipos de descargas atmosféricas. A Fig. 3.2 mostra a evolução do número de sensores instalados do sistema de detecção no Brasil de 1988 até 2004 quando foi criada a RINDAT. Em média, os sensores distam 300 km. No Vale do Paraíba, no

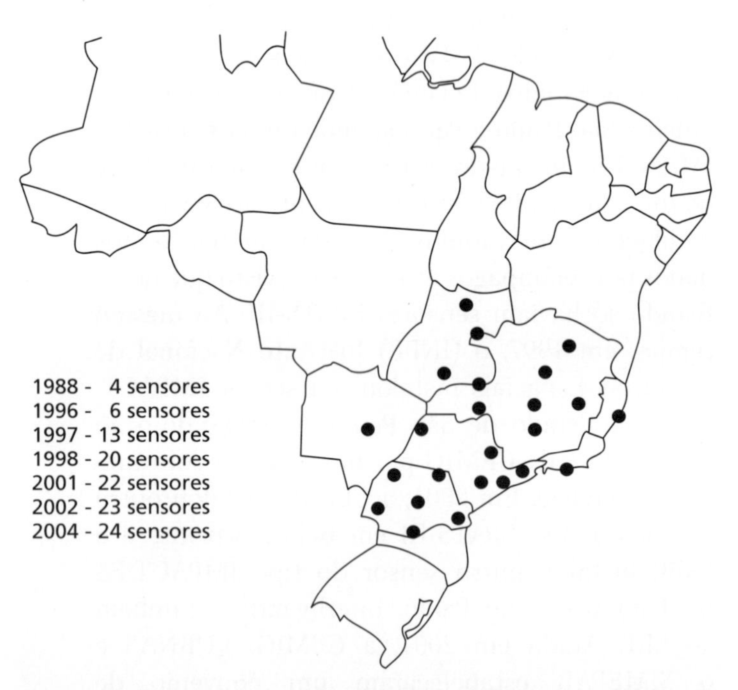

Fig. 3.2 *Evolução do sistema de detecção de descargas atmosféricas no Brasil de 1988 até 2004, quando da criação da RINDAT*

Estado do São Paulo, estão instalados os sensores mais próximos entre si (100 km). Ao ser criada, a RINDAT passou a ser a maior rede de detecção de descargas atmosféricas na região tropical e a terceira maior rede nacional do mundo, atrás das redes americana (NLDN) e canadense (CLDN).

A Fig. 3.3 mostra os sensores da RINDAT, em 2004, seus tipos e as instituições responsáveis. Cabe destacar a natureza não uniforme da RINDAT, agregando diversos tipos de sensores. Tal aspecto tem importantes conseqüências nas características da rede. A Fig. 3.4 mostra o número de sensores, sob responsabilidade de cada instituição. A Tab. 3.1 mostra a localização exata dos sensores.

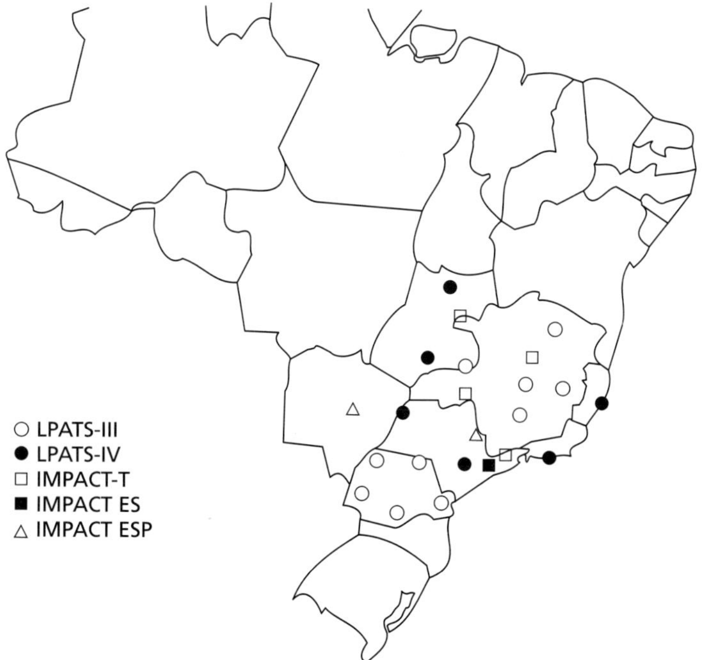

Fig. 3.3 *Mapa da localização dos sensores da RINDAT em 2004, com indicação dos tipos de sensores*

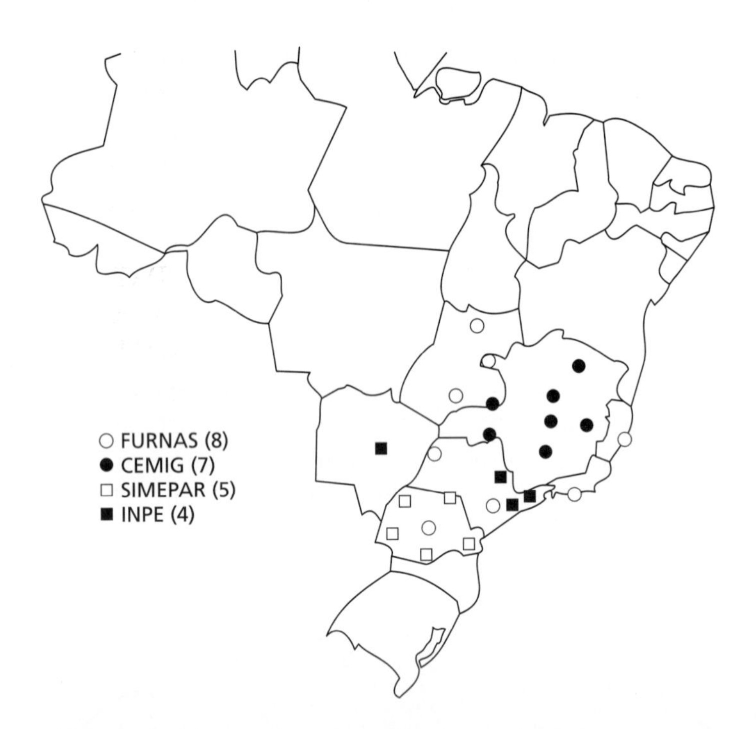

Fig. 3.4 *Mapa da localização dos sensores da RINDAT em 2004, com indicação das instituições envolvidas e seu respectivo número de sensores*

A Fig. 3.5 mostra a esperada eficiência de detecção para a RINDAT, em 2004, com base no modelo fornecido pela empresa Vaisala, atual fabricante desse tipo de sistema de detecção de descargas atmosféricas. Valores máximos de eficiência acima de 90% são encontrados na região do Vale do Paraíba e suas vizinhanças.

A Tab. 3.2 resume as características de desempenho da RINDAT em 2004, levando em conta as variações regionais por causa da diferença entre os tipos de sensores. Os melhores valores, isto é, a máxima eficiência de detecção, a máxima rejeição de relâmpagos intra-nuvem e os mínimos

Tab. 3.1 Lista da localização dos sensores da RINDAT em 2004, disposta por instituição: CEMIG, FURNAS, INPE e SIMEPAR

LOCAL	TIPO DE SENSOR	LATITUDE (decimal)	LONGITUDE (decimal)
Três Marias/MG	IMPACT	-18.22604	-45.24897
Ipatinga/MG	LPATS III	-19.47610	-42.53148
Lavras/MG	LPATS III	-21.24885	-45.00428
Volta Grande/MG	IMPACT	-20.02583	-48.22056
Capitão Enéas/MG	LPATS III	-16.31723	-43.72241
Emborcação/MG	LPATS III	-18.45649	-48.00371
Belo Horizonte/MG	LPATS III	-19.84953	-43.91383
Botafogo/RJ	LPATS IV	-22.95550	-43.19150
Vitória/ES	LPATS IV	-20.19995	-40.29122
Ibiúna/SP	LPATS IV	-23.66018	-47.10349
Jupiá/SP	LPATS IV	-20.78050	-51.60594
Rio Verde/GO	LPATS IV	-17.78542	-50.97649
Brasília	IMPACT	-15.78917	-47.92392
Serra da Mesa/GO	LPATS IV	-13.84901	-48.30378
Manoel Ribas/PR	IMPACT	-24.53300	-51.65090
Cachoeira Paulista/SP	IMPACT	-22.68600	-44.99929
São José dos Campos/SP	IMPACT	-23.21188	-45.86612
Pirassununga/SP	IMPACT	-21.99186	-47.32926
Campo Grande/MS	IMPACT	-20.45869	-54.66596
Foz do Areia/PR	LPATS III	-26.00432	-51.66846
Foz do Iguaçu/PR	LPATS III	-25.55571	-54.57866
Paranavaí/PR	LPATS III	-23.09010	-52.47529
Santo Antônio da Platina/PR	LPATS III	-23.29336	-50.07833
Paranaguá/PR	LPATS III	-25.52369	-48.51150

erros de localização e do valor de pico de corrente, correspondem à região do Vale do Paraíba, no Estado de São Paulo.

Essas características resultaram da comparação dos valores obtidos pelos modelos fornecidos pela Vaisala e por modelos e observações feitas pelo INPE, utilizando outras técnicas de medidas de descargas atmosféricas: câmeras de alta resolução,

Fig. 3.5 *Mapa da eficiência de detecção da RINDAT em 2004*

Tab. 3.2 Características da RINDAT em 2004

CARACTERÍSTICA	RINDAT
Eficiência de detecção	70 a 90 %
Erro de localização	0,5 a 5 km
Rejeição de relâmpagos intra-nuvem	70 a 95 %
Erro no valor do pico de corrente	20 a 100 %

descargas artificiais, induzidas pela técnica de foguetes e fios condutores e sensores óticos a bordo de satélites.

Para 2005, está prevista uma grande expansão da RINDAT, com a instalação de novos sensores (em andamento) e com a inclusão de novos sensores,

Fig. 3.6 *Mapa da localização dos sensores da RINDAT*

graças a convênios de colaboração firmados com diversas instituições. A Fig. 3.6 mostra um mapa da localização dos atuais sensores da RINDAT e dos novos sensores previstos para 2005. Serão mais 32 sensores: treze do SIPAM (Sistema de Proteção da Amazônia), sete do INPE, cinco do SIDDEM (Sistema Integrado de Detecção de Descargas atmosféricas e Eventos Meteorológicos críticos), quatro da NASA (*National Aeronautics and Space Administration*), dois de FURNAS e um do SIMEPAR). Somados aos 24 já existentes, o número de sensores subirá para 56.

A Fig. 3.7 mostra o mapa de eficiência de detecção de descargas atmosféricas da RINDAT para 2005, após a integração de todos os sensores mostrados na Fig. 3.6. Mais de dois terços do País estarão cobertos, restando partes das regiões Norte e Nordeste. Estima-se que serão necessários noventa sensores para cobrir integralmente o País, com uma distribuição de sensores equivalente ao sistema NLDN dos EUA.

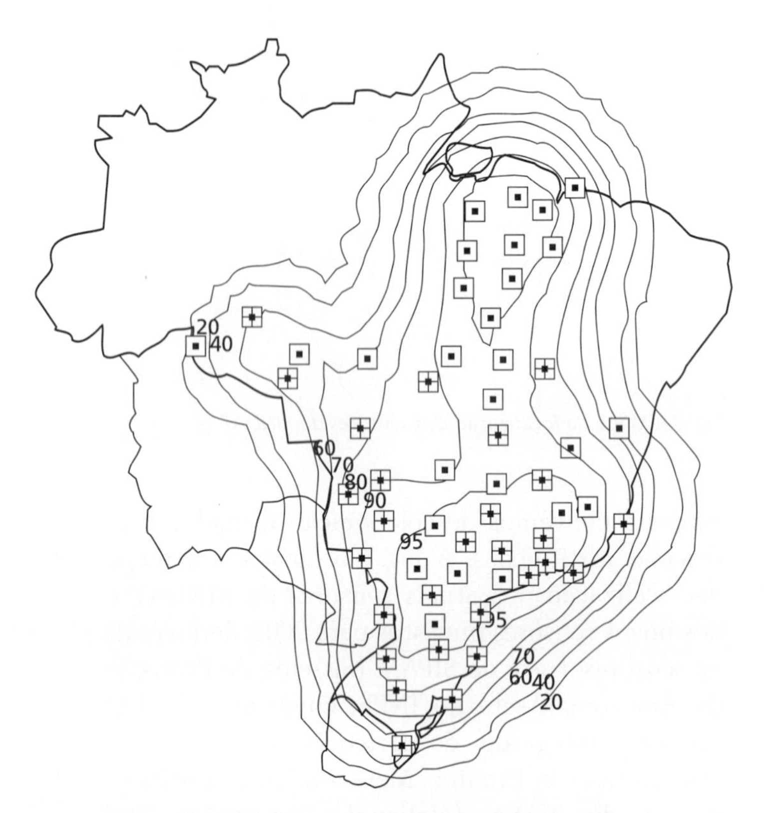

Fig. 3.7 *Mapa da eficiência de detecção da RINDAT para 2005*

Aplicações da RINDAT 4

Finalmente de posse do conhecimento a respeito dos sistemas de detecção de descargas atmosféricas, em particular da RINDAT, estamos prontos para aplicar os conceitos de estratégia descritos no livro *A arte da guerra* e criarmos métodos que minimizem os prejuízos causados pelos raios. Neste ponto, cabe ressaltar que tal aplicação exige uma adaptação das idéias contidas neste livro milenar. Primeiro, devido ao fato de ele ter sido escrito num passado muito distante, por volta de 500 a.C. Segundo, pelo fato de que nosso inimigo, as descargas, possuir características distintas daquelas de um típico exército inimigo.

Busca-se aqui descrever as possíveis aplicações da RINDAT nos diferentes setores da sociedade, por meio da sugestão de métodos de análise baseados nos princípios da estratégia chinesa de guerra. Diversos exemplos de aplicações podem ser citados: no setor elétrico, em ações operacionais, de manutenção, de engenharia e de planejamento estratégico visando ao futuro da empresa; no setor de telecomunicações, podemos imaginar ações de proteção diferenciadas para diferentes pontos de comunicação; no setor de engenharia civil, ações a fim de melhorar projetos de proteção, adequando-os a informações locais mais realísticas; no setor aéreo, ações para definir planos de vôo mais adequados, alterar rotas aéreas ou horários de vôos em função da época do ano; e no setor meteorológico, ações no sentido de desenvolver novos algoritmos de previsão de tempo, que levem em conta informações sobre raios, em particular, de tempestades severas, aquelas tempestades acompanhadas por fortes ventos, granizo ou ciclones.

A tese central do livro *A arte da guerra* é a que, numa guerra, deve-se evitar as batalhas por meio da estratégia correta, até que se esteja preparado para a batalha final, onde a vitória é a única opção. De acordo com essa visão, o tema é dividido em cinco partes que resumem o conteúdo do milenar livro chinês: o plano estratégico, o plano de implementação tática, o levantamento das forças disponíveis, a ponderação de chances e a deliberação para a vitória.

Cabe ainda salientar que nosso inimigo, está na medida que os anos passam, cada vez mais poderoso e mais conhecedor de nossos pontos fracos, os centros urbanos. Tais constatações são frutos de recentes pesquisas que demonstram que a atividade humana nas últimas décadas tem levado a um aquecimento global do planeta, aquecimento que tende a ser mais sentido nos países tropicais como o Brasil, trazendo consigo um aumento na ocorrência de raios. Efeito similar pode hoje ser sentido nos grandes e médios centros urbanos, onde a atividade humana tem produzido um aumento na incidência de raios nesses locais. Pesquisas recentes em diversas cidades do mundo têm mostrado, conclusivamente que o aumento de temperatura, num processo conhecido como ilha de calor e o aumento da poluição nos centros urbanos, têm produzido um aumento considerável na ocorrência de raios.

4.1 Plano Estratégico

"Prepare um plano estratégico, levando em conta: a avaliação cuidadosa dos atributos do adversário, tais como o tamanho das tropas inimigas, as qualificações de seus soldados e a distribuição dos mesmos segundo as condições externas e o terreno da batalha; e a avaliação cuidadosa das condições associadas ao campo da batalha."

Nosso adversário são os raios. Avaliar cuidadosamente seus atributos significa ter conhecimento preciso a respeito da sua ocorrência na área de interesse e de suas variações espaciais e temporais. Em geral, a ocorrência em uma dada região é quantificada pela sua densidade, isto é, o número de raios por quilômetro quadrado por ano. Tal uso pressupõe que as variações na quantidade de raios de um ano para outro em uma dada região estejam relacionadas a variações aleatórias, ou aparentemente aleatórias, em função das características meteorológicas e geográficas locais e até mesmo globais – como aquelas associadas ao fenômeno El Niño, fenômeno atmosférico ligado à temperatura das águas no oceano Pacífico equatorial, e ao fenômeno conhecido como oscilação quasi-bianual, fenômeno atmosférico que ocorre na região equatorial não apresentando variações sistemáticas de qualquer tipo. Como citado anteriormente, variações sistemáticas são atualmente conhecidas pela tendência ao aumento do número de raios em conseqüência do aquecimento global. Tal variação, contudo, pode ser desprezada na escala de uma década, que pode ser considerada um período razoável para a maioria das aplicações. Um conhecimento das variações não sistemáticas na quantidade de raios, em uma dada região, é fundamental para que se possa determinar qual o período mínimo de observação é necessário para que se tenha uma densidade de raios representativa da região estudada. Outro aspecto fundamental é a resolução espacial com que podemos ter informação sobre a densidade de raios, isto é, suas variações ao longo da área de estudo. Obviamente, quanto menor for a resolução da informação de densidade de raios, maior precisão se tem nas aplicações, sejam elas projetos de proteção ou determinação de pontos críticos em sistemas. Além do aspecto associado às variações temporais não sistemáticas, dois outros aspectos devem ser considerados: as incertezas associadas à localização das descargas pelo sistema e a significância estatística do conjunto de dados. As incertezas associadas à localização das descargas podem ser expressas de forma aproximada pelo semi-eixo maior da elipse de 50% de incerteza, mas esse valor limita a resolução com que valores de densidade de raios podem ser obtidos. Por outro lado, para uma dada resolução e período de dados, é necessário que o número de descargas em cada elemento de área com esta resolução tenha um número significativo de eventos. Outros atributos ainda relevantes dizem respeito às variações da densidade de raios ao longo do dia, associadas ao aquecimento solar, ou do ano, ligadas a variações sazonais (em geral, com um máximo no verão e um mínimo no inverno) ou semi-anuais de temperatura (com máximos nos equinócios na região tropical). Todos esses aspectos devem ser levados em conta para que as variações de densidade possam ser determinadas com confiabilidade. Além da densidade, outras características dos raios também devem ser consideradas: intensidade, polaridade, multiplicidade etc. A análise dessas características segue um processo semelhante àquele discutido para a densidade de raios, levando-se em conta a variabilidade intrínseca de cada uma. As Figs. 4.1 a 4.5 exemplificam como pode ser feita uma análise, com base em dados reprocessados da RINDAT, de modo a corrigir limitações das informações em tempo real (como atrasos de comunicação dos sensores com as centrais de análise e variações de ganho), corrigidos também pela eficiência de detecção a partir de modelos desenvolvidos pelo Grupo de Eletricidade Atmosférica (ELAT). Na Fig. 4.1 é mostrado, como exemplo, um mapa da densidade de raios para a região do Vale do Paraíba, no Estado de São Paulo, obtido de 1999 a 2003 com resolução de 2 km. De todas as informações sobre raios, os mapas de densidade de raios são as mais importantes, permitindo avaliar seu impacto sobre a área de estudo e, ao mesmo tempo, identificar as áreas mais críticas, com maior incidência. Contudo, na análise deste tipo de mapa, deve-se ter cautela para identificar quais aspectos têm significância estatística, em razão da variabilidade na incidência de raios de um ano para outro e das características de eficiência de detecção e precisão de localização do sistema de detecção. Em geral, para uma dada região e para um dado sistema de detecção, existe um padrão estatisticamente significativo que pode ser obtido após um período de tempo determinado e que depende das condições meteorológicas predominantes na região e da resolução que se deseja. No caso de considerarem raios negativos e positivos, separadamente, os mapas da densidade e de outras características de raios negativos tendem a ser obtidos em períodos menores do que os positivos, porque estes são menos freqüentes.

Para as características meteorológicas e da RINDAT, no Vale do Paraíba, determinou-se que um mapa da densidade de raios com uma resolução de 2 km e com significância estatística pode ser obtido para um período de três a quatro anos. Não é necessário considerar um período de cinco anos, como o utilizado na Fig. 4.1, e o mesmo é válido no caso do mapa considerar somente raios negativos. Nos anos que se seguem, este padrão manteve-se sem mudanças substanciais e, para o período de cinco anos, o mapa pôde ser estendido para a resolução de 1 km. No caso de considerar-se, por exemplo, o percentual de raios positivos, como

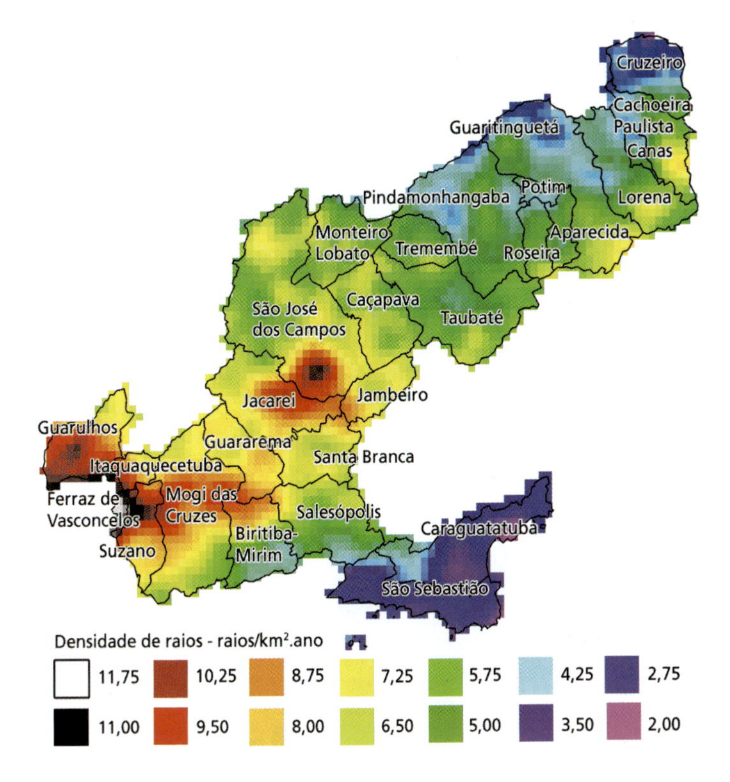

Fig. 4.1 Mapa da densidade de raios para a região do Vale do Paraíba (Estado de São Paulo), em raios por quilômetro quadrado por ano, para o período de 1999 a 2003, com resolução de 2 km

mostrado na Fig. 4.2 para a mesma região, período e resolução da Fig. 4.1, determinou-se que ao menos cinco anos são necessários para que o mapa seja estatisticamente significativo.

Outras características dos raios podem ser importantes para determinadas aplicações: valores médios do pico de corrente, em geral associada à primeira descarga de retorno, e da multiplicidade, em geral relevante apenas para os raios negativos. Essas características também costumam variar ao longo da área de estudo, como indicado nas

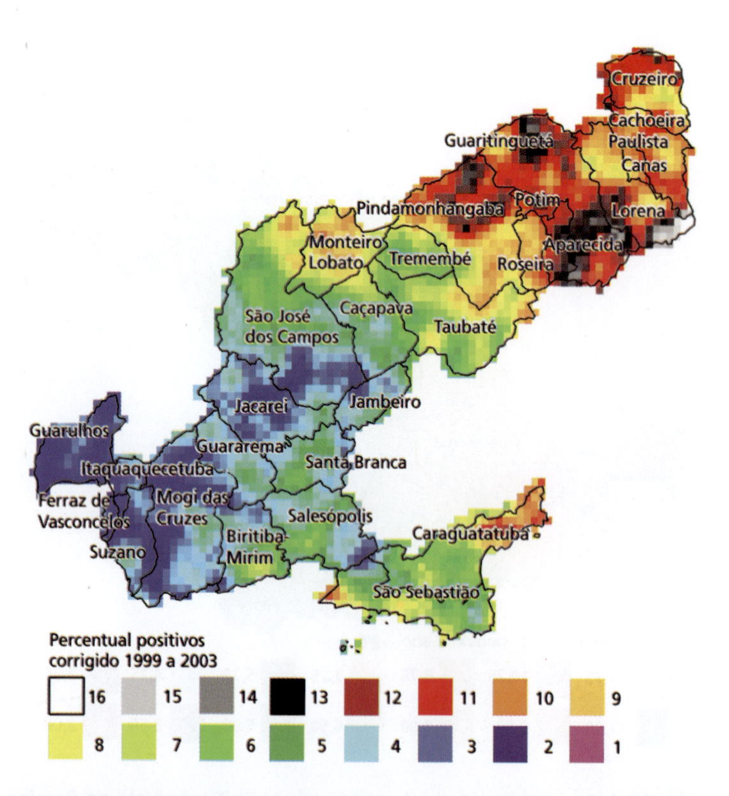

Fig. 4.2 *Mapa do percentual de raios positivos para a região do Vale do Paraíba (Estado de São Paulo), para o período de 1999 a 2003, com resolução de 2 km*

Figs. 4.3, 4.4 e 4.5, para a mesma região e período das Figs. 4.1 e 4.2, embora tais variações não sejam tão acentuadas quanto as variações de densidade. Novamente, como citado anteriormente, deve-se ter cautela na análise do mapa de valores médios do pico de corrente para raios positivos, devido a seu caráter estatístico. Outro aspecto importante é a possível influência da contaminação dos dados por relâmpagos intra-nuvem – que pode ser considerada insignificante nos mapas das Figs. 4.2 e 4.4, visto que naquela região os dados são obtidos

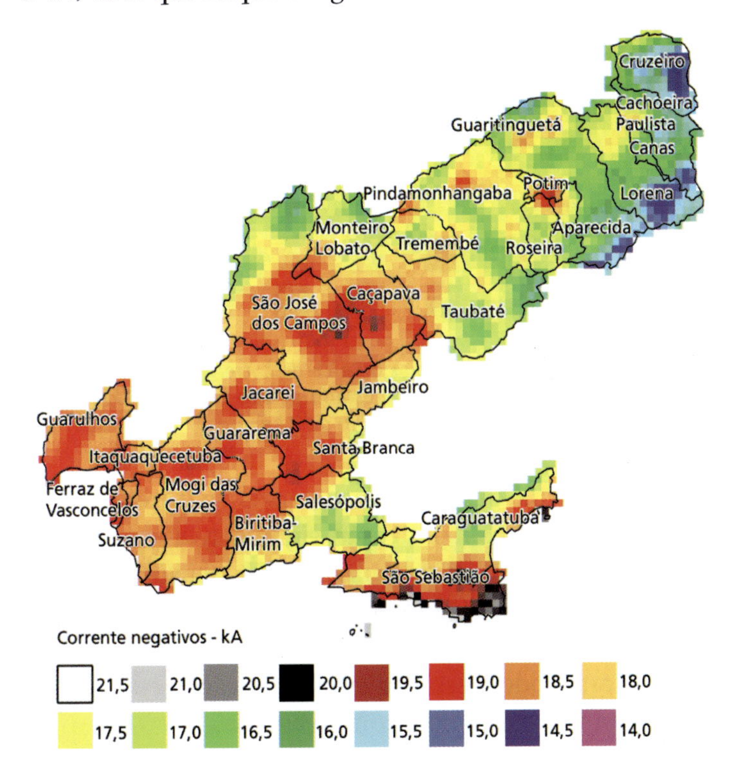

Fig. 4.3 *Mapa dos valores médios do pico de corrente de raios negativos para a região do Vale do Paraíba (Estado de São Paulo), em kA, para o período de 1999 a 2003, com resolução de 2 km*

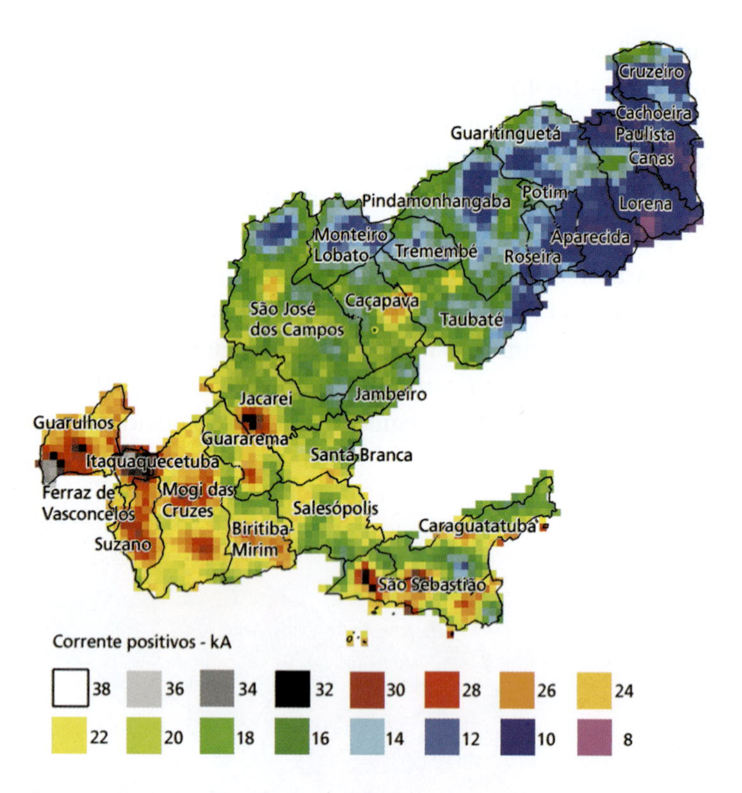

Fig. 4.4 *Mapa dos valores médios do pico de corrente de raios positivos para a região do Vale do Paraíba (Estado de São Paulo), em kA, para o período de 1999 a 2003, com resolução de 2 km*

com a participação de diversos sensores do tipo IMPACT, mas pode ser significativa em regiões onde há uma predominância de sensores LPATS. Além disso, estudos mostram que valores médios do pico de correntes de raios negativos próximos ao litoral podem estar sujeitos a variações, cuja origem ainda não está bem compreendida.

As diferenças nos valores médios do pico de corrente para raios negativos e positivos podem variar de região para região. Em geral, os valores médios do pico de corrente para os raios positivos tendem a ser levemente mais intensos que os negativos (menos que 30%), não ocasionando grandes implicações práticas. Em alguns casos, a diferença pode ser superior a 100% e, dependendo da aplicação, deve ser considerada. Neste sentido, os mapas da incidência de raios positivos são mais relevantes para indicar regiões sujeitas a descargas com correntes contínuas mais intensas (acima de 500 A) e duradouras (acima de 300 ms), ou com valores extremos de pico de corrente (valores acima de 200 kA), características normalmente mais comuns em raios positivos e ligadas à carga elétrica ou à energia total da descarga que é transferida ao ponto de contato com o solo. Tais grandezas são relevantes na análise do impacto do raio sobre o objeto atingido, dependendo de suas características quanto à condutividade elétrica.

As variações da multiplicidade dos raios negativos devem ser consideradas em termos relativos, já que este parâmetro depende criticamente da eficiência do sistema de detecção para descargas de retorno subseqüentes de fraca intensidade. Em geral, para uma região cuja eficiência de detecção é uniforme, como aquela na Fig. 4.5, pode-se normalizar o mapa de multiplicidade a partir de observações com outra técnica que permite determiná-la com mais precisão. Tal procedimento é adotado na Fig. 4.5, na qual a multiplicidade é normalizada com base em observações feitas por uma câmera de alta velocidade. Já os raios positivos costumam ser simples, e as variações de multiplicidade não são significativas.

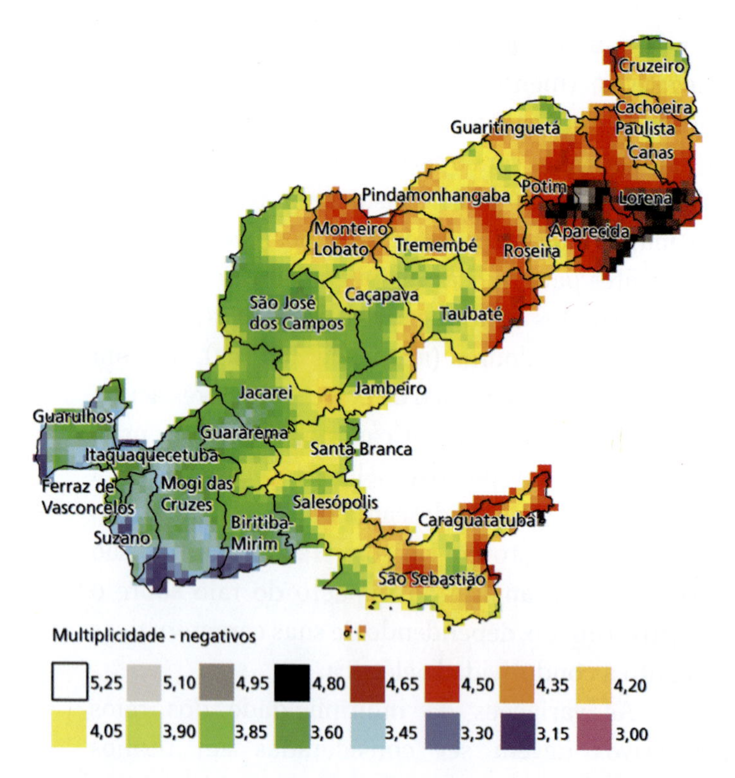

Fig. 4.5 *Mapa dos valores médios da multiplicidade de raios negativos para a região do Vale do Paraíba (Estado de São Paulo), para o período de 1999 a 2003, com resolução de 2 km*

4.2 Plano de Implementação Tática

"Prepare um plano de implementação tática, pois ele leva a estratégia à prática. Para tal, alguns aspectos devem ser priorizados: disponha de recursos adequados, faça do tempo o seu aliado buscando agir no momento mais vantajoso. Procure vislumbrar vitórias parciais, de modo a encorajar a equipe de trabalho. Divida com o maior número de pessoas os méritos destas primeiras vitórias."

Dispor de recursos adequados significa, em primeiro lugar, contar com uma equipe de profissionais envolvida no projeto, dotada de um conhecimento ao menos razoável do impacto dos raios na área de interesse, respaldado, se possível, por algumas informações quantitativas de danos materiais e prejuízos financeiros. Sempre que possível, procure estabelecer cooperação com outras equipes com qualificações complementares. Lembre-se de que não é suficiente saber o que se deve saber: é preciso pôr em prática aquilo que se sabe. O dispor de recursos adequados está intimamente ligado ao fazer do tempo o seu aliado. Um ataque decisivo só pode ser definido após algum tempo de luta. Logo, o importante é começar. Procure estabelecer regiões pilotos e períodos definidos, a partir das características dos raios, para testar procedimentos ou métodos. Leve em conta a variabilidade temporal dos raios (tanto sazonal como diária, e em função do tipo de

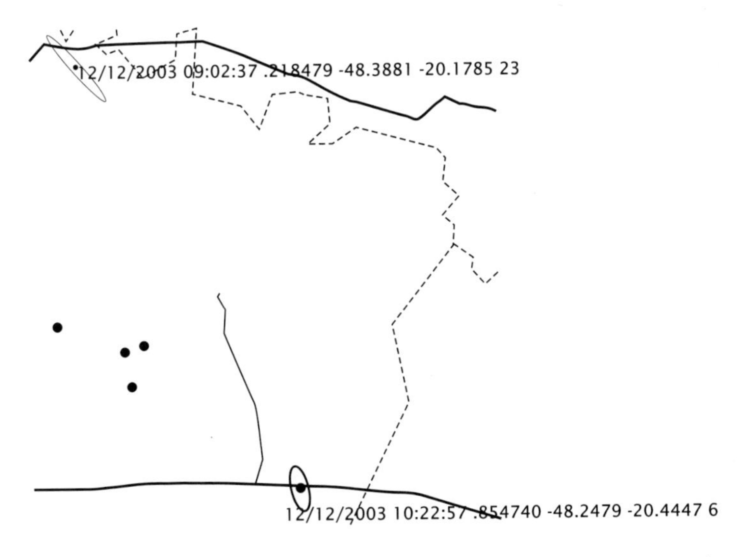

Fig. 4.6 *Exemplo de descargas que apresentam a elipse de incerteza de 50% sobrepondo-se a uma linha de transmissão*

tempestade) para definir ações ou análises. Procure desenvolver algorítmos para relacionar os raios a eventos específicos, gerar sistemas de alerta ou prever a ocorrência de eventos críticos, com base nas características dos raios. A Fig. 4.6 ilustra um exemplo de um critério simples para identificação de uma falta associada a um raio, com base na intersecção da elipse de incerteza de 50%, na localização do raio com uma linha de transmissão. Critérios mais realísticos podem ser formulados com um conhecimento mais detalhado das informações da RINDAT, da interação de um raio com uma linha de transmissão (ou distribuição) e das características da linha. A Fig. 4.7 ilustra um critério simples para gerar um alerta em tempo real da ocorrência de raios próximos a um ponto

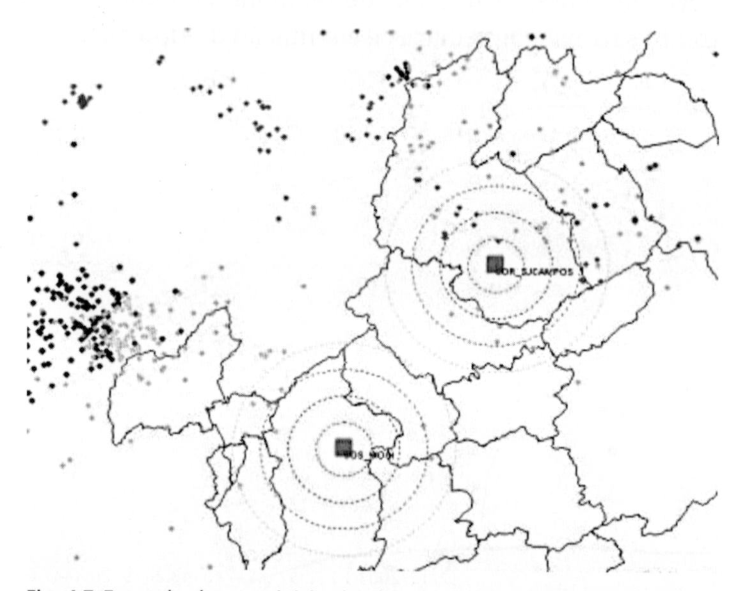

Fig. 4.7 *Exemplo de um critério simples para gerar um alerta em tempo real da ocorrência de raios próximos a pontos específicos, a partir de círculos a distâncias definidas*

específico, com base em círculos a distâncias definidas destes pontos. Pode-se formular critérios que levem em conta a formação e o deslocamento das tempestades, servindo para previsão de curta duração.

4.3 Levantamento das Forças

"Seja invencível. A invencibilidade está em nossas próprias mãos. Prepare seu exército, tendo em mente o momento certo para atacar. Mantenha sempre perto os recursos que irão fortificar as suas forças. Avalie o comportamento do inimigo durante as primeiras batalhas. Procure conhecer suas fraquezas. Reflita sobre onde pode ter uma superioridade relativa."

Definido um projeto visando a minimizar os prejuízos causados pelos raios, defina sua duração e o momento de implementá-lo em função das variações temporais dos raios e tendo em mente sua capacidade de manter a infra-estrutura (seja de pessoal ou de material) necessária durante o período de estudo. Sempre que possível, use informações em tempo real da atividade de raios. Exemplos de monitoramento em tempo real dos raios associado a diferentes tipos de informações georreferenciadas são mostrados nas Figs. 4.8, 4.9 e 4.10. Na Fig. 4.8, a localização das descargas é sobreposta à localização de uma dada linha de transmissão de energia elétrica; na Fig. 4.9, a uma imagem de satélite no infravermelho; e na Fig. 4.10, a informações de tráfego aéreo. Em geral, a localização das descargas pode ser sobreposta a quaisquer outras informações georreferenciadas, tais como linhas de distribuição de energia elétrica, sites de telecomunicação, ima-

Fig. 4.8 *Mapa com a localização de raios em tempo real, sobreposto à localização de uma linha de transmissão*

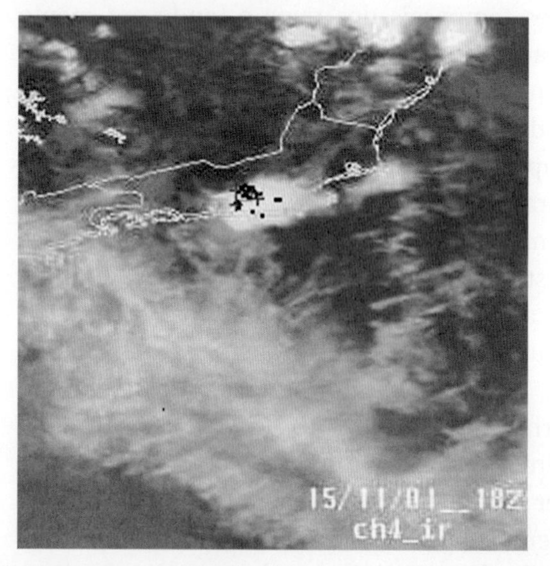

Fig. 4.9 *Mapa com a localização de raios em tempo real, sobreposto à imagem de satélite no infravermelho*

gens de radar etc. A localização individual dos raios é mostrada nas Figs. 4.8 e 4.9; já na Fig. 4.10, são indicadas apenas as regiões onde descargas estão acontecendo. Diferentes tipos de visualização das descargas podem ser feitos, dependendo da aplicação que se deseja. Em geral, para o propósito de monitoramento dos raios, não é necessária muita precisão na localização do ponto mais provável de contato do raio com o solo. Porém, é necessária uma razoável eficiência de detecção na região monitorada para observar as tempestades fracas, que em muitos casos precedem tempestades mais intensas, e que podem ser utilizadas como um alerta da ocorrência destas últimas.

Finalmente, avalie se os resultados do projeto são conclusivos, respeitadas as incertezas e outros fatores atuantes. Nas análises, procure levar em

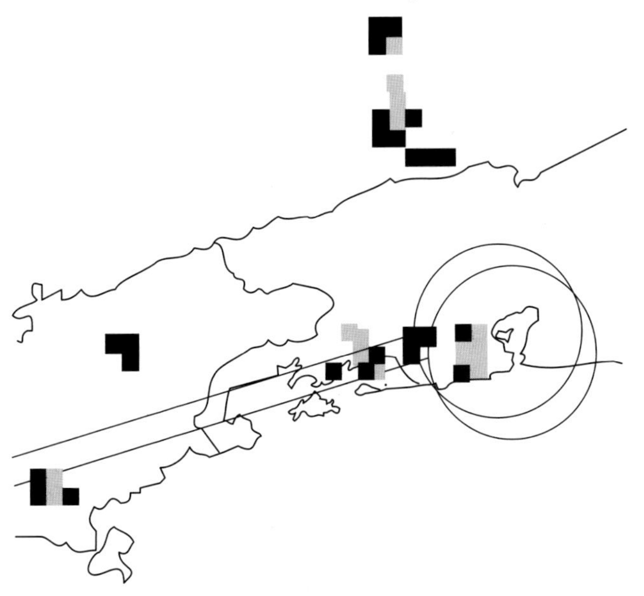

Fig. 4.10 *Mapa indicando regiões com raios em tempo real, sobreposto aos setores do tráfego aéreo e algumas aerovias de um aeroporto*

conta as variações temporais dos raios, de modo a determinar se os resultados estão relacionados a eles ou se são devido a outros fatores.

4.4 Ponderação de Chances

"Não lute a batalha final com o inimigo até que a vitória esteja assegurada."

Avalie os resultados das primeiras batalhas. Certifique-se de que as informações sobre os raios são confiáveis e estatisticamente significativas. Leve em conta outros possíveis fatores além dos raios. Lembre-se de que vantagens iniciais por si só não são suficientes. Avalie cuidadosamente os prós e os contras de uma batalha final.

4.5 Deliberação para a Vitória

"Finalmente, ataque como um raio vindo das maiores alturas do céu, rumo à vitória. Lembre-se que o que se valoriza numa guerra é uma vitória rápida, não operações prolongadas."

Se você chegou aqui, então está preparado. Faça com que a vitória seja a única opção.

Considerações Finais 5

A expansão e maior qualificação do sistema de detecção de descargas atmosféricas no Brasil, que culminaram com a recente criação da RINDAT, faz com que as informações contidas neste livro possam não só ser aplicadas por um maior número de profissionais, mas também trazer um maior retorno. Apesar disso, atualmente, a informação de abrangência nacional mais precisa é aquela obtida da comparação entre as observações do

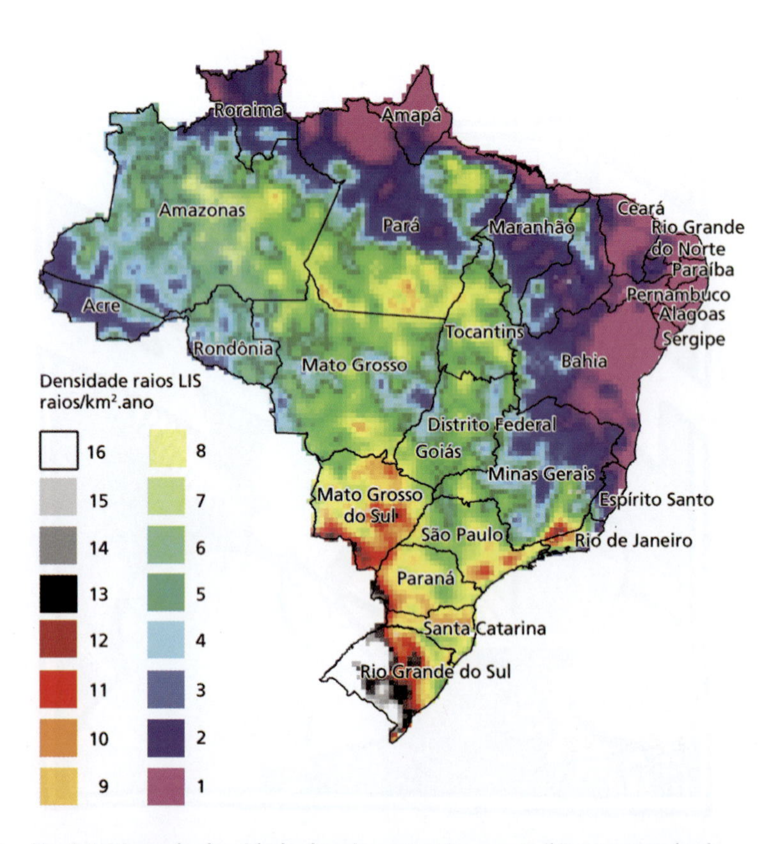

Fig. 5.1 *Mapa da densidade de raios, em raios por quilômetro quadrado por ano, estimada com base em análise comparativa de medidas feitas pelo sensor LIS a bordo de satélite entre dezembro de 1997 e maio de 2004 e pela RINDAT, com resolução de 30 km*

sensor LIS (*Lightning Imaging Sensor*), lançado a bordo de satélite em dezembro de 1997, e os dados da RINDAT. Limitada a uma região do País, essa informação foi extrapolada para todo o território brasileiro, assumindo que tal processo não implicaria um erro considerável. Antes utilizava-se o índice ceráunico, isto é, o número de dias de tempestade em um dado local, estimado com base em observações da ocorrência de trovão, ao longo das décadas de 1970 e 1980, bastante imprecisas. A Fig. 5.1 mostra a densidade de raios no Brasil, com base em dados de satélite, em raios por quilômetro quadrado por ano. Contudo, as limitações impostas pela técnica não permitem que resoluções inferiores a 30 km possam ser obtidas. Certamente, num futuro breve a RINDAT estará cobrindo todo nosso País e permitindo que um novo mapa deste tipo possa ser gerado com uma resolução de até 2 km.

É com este objetivo que este livro foi escrito, buscando mostrar a importância de contarmos com tal sistema, que além de todas as aplicações descritas neste livro será certamente um motivo de orgulho para o País.

Livros Recentes

UMAN, M. A. *The lightning discharge.* New York: Academic Press, 1987.

MACGORMAN, D. R.; RUST, W. D. *The electrical nature of storms.* Oxford: Oxford University Press, 1998.

PINTO JR, O.; PINTO, I. R. C. A. *Tempestades e relâmpagos no Brasil.* São José dos Campos: INPE, 2000.

RAKOV, V. A.; UMAN, M. A. *Lightning: physics and effects.* Cambridge: Cambridge University Press, 2003.

COORAY, V. *The lightning flash.* London: IEE, 2003.

Referências aos artigos publicados pelo autor podem ser encontradas na página do Grupo de Eletricidade Atmosférica: http://www.cea.inpe.br/elat.